做人 做业 做事

一生三做

方道 编著

中国华侨出版社
·北京·

图书在版编目 (CIP) 数据

一生三做：做人、做业、做事 / 方道编著．—
北京：中国华侨出版社，2003.11（2024.9 重印）
ISBN 978-7-80120-753-1

Ⅰ.①一… Ⅱ.①方… Ⅲ.①成功心理学 Ⅳ.
① B848.4

中国版本图书馆 CIP 数据核字（2003）第 094320 号

一生三做：做人、做业、做事

编　　著：方　道
责任编辑：刘晓燕
封面设计：周　飞
经　　销：新华书店
开　　本：710 mm×1000 mm　1/16 开　　印张：12　　字数：136 千字
印　　刷：三河市富华印刷包装有限公司
版　　次：2003 年 11 月第 1 版
印　　次：2024 年 9 月第 3 次印刷
书　　号：ISBN 978-7-80120-753-1
定　　价：49.80 元

中国华侨出版社　北京市朝阳区西坝河东里 77 号楼底商 5 号　邮编：100028
发 行 部：（010）64443051　　　传　　真：（010）64439708
网　　址：www.oveaschin.com　　E-mail：oveaschin@sina.com

如果发现印装质量问题，影响阅读，请与印刷厂联系调换。

前 言
Preface

想要突破圈层，制造不一样的人生，需深谙做人、做业、做事的底层逻辑。

做人，旨在成为众人心中的楷模，以此构建稳固的人际关系网络；做业，则需运筹帷幄，每一步都如棋手般深思熟虑；而做事，便是将崇高理念转化为实际行动，开创个人成功的新篇章。

做人的艺术，堪称永恒的课题。聪明人总能以千变万化的方式处理人际关系，巧妙化解棘手难题，赢得人心。此乃成就伟业之做人法则。世间难题，需迎难而上；做人之挑战，亦应勇敢面对，否则将难有建树。譬如，善于做人者深谙用人之道，懂得"知人善任"的重要性。在人才选拔时，能够扬长避短，确保人尽其才。

做业，乃智者之专长。他们擅长规划，勤于总结，反复推敲，将自己的行动策略部署得有条不紊，稳扎稳打。他们能从复杂中洞悉简单，从直接中察觉迂回，从利益中预见风险，从困境中寻觅机遇。这恰是对忤合术的精湛运用：敏于思考，洞悉事物本质，据此制定明智决策，实现"忤合之而化转之"的境界。

行事之道，既是技术，又堪称艺术，甚至可谓一部策略学巨著。

那些未能成功实践的人，常常带着羡慕的目光看向成功者，误以为他们总能轻易获得上天的眷顾。然而，事实远非如此。真正的成功者，必然眼光独到，方法灵活多变，他们绝不会因眼前的困境而放弃目标。相反，他们会以智慧筹谋，确保自己的每一步都非同凡响，从而掌控人生的棋局。

在行事的过程中，把握时势至关重要。时势，即是格局与态势的结合，它不断变化，对人的意义也随之改变。审时度势，本是兵家必备的战术素养，而能否精准地审时度势，更是衡量一个领导者能力的重要标准。

许多人在生活中存在一个显著的弱点：他们无法将做人、做业、做事三者融为一体，往往只能兼顾其中一二。正因如此，他们难以从全方位突破自我，更难与高手过招。要克服这一局限，必须精于做人、巧于做业、明于做事。

这边是可以使人开悟的《一生三做》。本书结构清晰，内容深入且实用，全面解析了一个人如何在"一生三做"中寻求成功并防范失误。相信它能为你开启成就一生的智慧之门！

目 录
Contents

第一部分
做人之道

学做一个机智的高手 //002

大事小事都不糊涂 //006

识时务者，乃可成大事 //008

必须学会自我控制 //011

品尝快乐生活，就会日益充实 //016

小人物也要重视 //019

牢记"防患于未然"之训 //023

一定要建立有效的人际关系 //026

多点人情味，就会回味无穷 //028

捕捉别人的嗜好 //034

巧妙"嫁接"别人的长处 //040

调和人际关系要有策略 //043

用人难不倒有心人 //049

巧借人力打天下 //052

用能人不用完人 //054

识人用人之道最难 //058

第二部分

做业之略

一步一步打开人生局面 //064

以不变应万变 //069

想点子提高自己的知名度 //073

让人看不到你的真喜真怒，深藏不露 //075

敢和对手赛跑 //078

变换看问题之眼 //081

牢记"明白"两字的作用 //083

摸一摸对方的心思 //086

眼睛要大，心要明亮 //089

始终要有忧远之心 //093

摆弄"后一手"的绝招 //095

以大计治小计 //098

有备无患是制胜的要诀 //101

射箭要看靶子 //105

曲中见直，直中见曲 //107

从大处着眼，才能手到擒来 //109

磨炼看准时机的眼力 //112

第三部分
做事之技

问一问自己到底能干什么 //118

一定要做你最喜欢的事 //120

抓住自己的长处开始突破 //124

用积极的心态对待得失 //127

在人生规划图上精打细算 //130

别为小事心烦 //134

激发接受挑战的潜能 //138

敢于在风险中求胜 //143

不图虚名，以追求实效为第一 //145

应对难题要有狠招 //149

当机立断见果敢 //152

盯住时势，拿出一身功夫 //155

不怕多走路，就怕走不出自己的路 //159

清除失败的病毒 //162

睁大"观察之眼" //165

把自己的能力当作成功的资本 //169

重要的不一定紧急 //171

激发"我行"的欲望 //173

奖励一个，带动一群 //176

自己只要做好，就是成功 //180

第一部分 做人之道

学做一个机智的高手

> **做人的学问**
>
> 做人之道，不是每一个人都能掌握的，而是机智者最擅长的成功方略。我们常佩服机智者做人的敏捷性，但却很少过问其何以机智。的确，做人的机智术是一个非常值得研究的课题。古往今来，有多少大胜者都是靠机智取胜，开拓了人生的成功之路。反过来讲，假如离开"机智"两字，这些大胜者就不会是大胜者，而是大败者。因此，做人必须精通机智术。

乾隆多变，纪晓岚则以机智应对。乾隆乙酉年是乾隆帝登基30周年。时值风调雨顺，天下太平，乾隆皇帝高兴万分。他想，古代有作为的帝王如秦始皇、汉武帝等，都举行过封禅大典，用以显示自己统治英明，天下太平，江山稳固，也因此为后人称颂，他乾隆皇帝也取得了这样的成就，而且统治的疆域远远大于秦皇汉武之时，为何不可以搞一次封禅大典呢？所以在这年初秋，率领文武大臣到泰山行封禅大典。

所谓封禅，是皇帝主持的最隆重的祀天大典。筑坛于泰山之顶以报天功，称为"封"，于泰山下小山除土以报地之功，称为"禅"。由于此礼极其神圣，各个朝代并不常举行。据说上古有72位君王曾封禅，秦以来也只有秦始皇、汉武帝、东汉光武帝、唐高宗、唐玄宗、宋真宗等少数几个君主举行过。不少君主也憧憬于封禅之功，但未能实现，毕竟不是任何一位帝王都有资格和能力封禅的，稍有天变、灾荒、边警，就可破坏必须具备的社会祥和、帝王圣明这一条件。

乾隆皇帝此次登山，是他生平九登泰山的第五次。乾隆皇帝天性喜欢游山玩水，他一生曾三上五台，六下江南。此次登山在名义上是封禅祭祀，实际上也是在山光水色中娱乐自己。

封禅的队伍，进得济南府后，歇息二日，饱览这里的湖光水色。济南城内，泉水众多，家家流水，户户垂杨，碧波荡漾，风景秀丽。皇上住在大明湖西侧的遐园。这是济南第一庭园，古木苍翠，曲水虹桥，幽静典雅。乾隆皇帝今天游兴很浓，便叫纪晓岚、和伴驾游湖。

君臣三人乘小船到了湖心历下亭。这历下亭建于北魏，朱梁画栋，壮丽轩昂，纪晓岚随皇上在历下亭里，欣赏周围的景色。只见宽阔的湖面上，波光粼粼，阔大的荷叶迎风摆动，岸边绿柳婆娑，楼台亭树，掩映其间。四周景物的倒影，映在湖里，看得清清楚楚，不禁为这里的景色陶醉了。

忽然间，乾隆皇帝问道："这历下亭，历史悠久，风景佳绝，可曾有文人骚客所做诗文？"和想讨好皇上，马上应声说："有……"

乾隆皇帝和纪晓岚已等着听他的下文，谁知和张口结舌，说到这里没有词了，眼睛眨巴了半天，也没有想起一句诗来。

纪晓岚却答道："臣早年读《杜工部诗集》，记得杜甫有诗题为《陪李北海宴历下亭》，其中有两句，曰：'海右此亭古，济南名士多。'"

"好！好！"乾隆皇帝连声称赞，和在旁羞得满脸通红。

济南是有名的"泉城"，泉水众多，金代曾立泉碑，列举了72处有名的泉水，乾隆君臣一行游历于湖光水色之间，兴致盎然，一边观赏，一边品评。

众多的泉水，千姿百态，让人赏心悦目。或波浪翻腾，流如沸水；或晶莹温润，似明珠璎珞；或串串珍珠，如银似玉；或洪涛倾泻，如虎啸狮吟；或细流涓涓，如琴弦低唱。其中最吸引人的，当数趵突泉、黑虎泉和珍珠泉了。趵突泉主泉分为三股，喷高三尺有余，状如三堆白雪。黑虎泉从三个石雕的虎头中喷出，如三股瀑布，水声喧腾，如虎啸风吼。珍珠泉清碧如翠，当中冒出一串串白色气泡，像喷出万颗珍珠。

游览完毕，天近中午。在路上走着，乾隆皇帝问起二位侍臣："常说济南有四大名泉，朕今日看了三泉，尚有一泉，叫什么名字？"

纪晓岚答道："如果微臣记得不错的话，那就是金钱泉了。"

"对，对！"乾隆皇帝点着头，"你可曾到过那里？"

"臣尚未去过。只是初到之日，臣向府尹要来一部《济南府志》，看了上面的记载。"纪晓岚答道。

"好，好！你勤勉上进，实属可嘉。"乾隆皇帝夸赞道。

乾隆皇帝在泰安城内的岱庙举行过祭祀东岳大帝的大典之后，第二天便率领群臣登山。陪同他登山的文臣有董曲江、刘师退、刘墉、纪晓岚等人。一路上簇拥乾隆皇帝，浩浩荡荡。

中午时分，他们来到斗母宫。从斗母宫出来，绕过几道山路，又沿着登山大道盘旋而上。

过了朝阳洞,来到了对松山,两面奇峰对峙,满山奇形怪状的古松,虬翠阴霭,人到这里,俨然进入苍翠画卷之中。纪晓岚站在皇上身旁,看着满山秀色,听着山间的潺潺水声和阵阵松涛,赞不绝口。乾隆皇帝似乎是受到感染,急令人取出笔墨,挥笔在岩壁上题写下"岱宗绝佳处"五个大字。

一阵颂声过后,乾隆皇帝由侍从搀扶着,继续沿盘道攀登,和、纪晓岚、刘墉等络绎跟随。攀至盘道尽处,一座高大的石门巍然屹立,横额上的三个大字赫然在目:摩天阁。

乾隆君臣在碧霞宫住了一晚,次日凌晨便上玉皇顶看日出。乾隆皇帝很兴奋,他题联做对的兴致不减。看完日出后,他在玉皇顶附近的东岳庙祭祀,祭毕,转到庙北的弥高岩下,忽然想起《论语》里"仰之弥高"的句子,又想借《论语》难一难纪晓岚,他道:

仰之弥高,钻之弥坚,可以语上也。

乾隆皇帝心想,这回纪晓岚恐怕要难住了。谁知乾隆皇帝的话音刚落,纪晓岚也随即答出:

出乎其类,拔乎其萃,宜若登天焉。

他用的同样是《论语》中的句子,而且又对得自然流畅,浑然天成,乾隆皇帝及众大臣无不为之叹服!

应当牢记的做人之道

机智术是看不见、摸不着的,但却对一个善于做人的人来说,是相当重要的。至少可以看到以下两点:一是机智术能让人避开冲突，缓和人际关系；二是机智术可以让人强化应对复杂问题的能力。假如你明白此两点，那么就会在各种场合，把巧妙的做人之道发挥得淋漓尽致，从而成就自己的心愿。

大事小事都不糊涂

> **做人的学问**
>
> 一个人最怕犯糊涂病。《菜根谭》说："对有些人，必须提高警惕，险恶之徒，嫉贤害能，稍有触犯，必置人于死地，故对之必须提高警觉，防患于未然。"因此，做人一定要大事小事都不能糊涂。

宋太宗赵匡义病重时立第三子赵恒为皇太子。当时，吕端继吕蒙正为宰相，他为人识大体，顾大局，很有办事能力，深得太宗赏识。太宗说他"小事糊涂，大事不糊涂"。不久，他便将相位让给寇准，退位参知政事。

公元997年，太宗驾崩。围绕谁来继位的问题，宫内多有不同意见。再者，皇太子赵恒年已29岁，聪明能干，处断有方，但他是太宗的第三子，没有即位资格，这就引起其他王子与大臣的忌妒和憎恨。但吕端却是站在赵恒一边的。他决心遵照先帝意旨，拥立赵恒即位。当然，他也就对宫中的一些情况细心观察。

正当太宗驾崩举国祭丧之时，太监王继恩、参知政事李昌龄、殿前都指挥使李继熏、知制诰胡旦等人，暗地里密谋，准备阻止赵恒即位，而立楚王赵元佐。吕端心中有所警惕，但具体情况却并不清楚。李皇后本来也不同意赵恒即位，所以，当李皇后命王继恩传话召见吕端时，吕端心头一怔，便知大事有变，可能发生不测。一想到这里，吕端便决定抢先动手，争取主动。他一面答应去见皇后，一面又将王继恩锁在内阁，不让他出来与其他人谋通，并派人看守门口，防止有人劫持逃走。之后，吕端才毕恭毕敬地来见皇后。李皇后对吕端说："太宗已晏驾，按理应立长子为继承人，这样才是顺应天意，你看如何？"吕端却说："先帝立赵恒为皇太子，正是为了今天，如今，太宗刚刚晏驾，将江山留给我们，他的尸骨未寒，我们哪能违背先帝遗诏而另有所立？请皇后三思。"李皇后思虑再三，觉得吕端讲得有道理，况且，众大臣都在竭力拥立赵恒皇太子，李皇后也不得违拗，便同意了吕端的意见，决定由皇太子赵恒继承皇位，统领大宋江山。众大臣连连称是，叩首而去。

吕端至此还不放心，怕届时会被偷梁换柱。赵恒于公元997年即位为真宗，垂帘引见群臣，群臣跪拜堂前，齐呼万岁，唯独吕端平立于殿下不拜，众人忙问其故。吕端说："皇太子即位，理当光明正大，为何垂帘侧坐，遮遮掩掩？"要求卷起帘帷，走上大殿，正面仔细观望，知是太子赵恒，然后走下台阶，率群臣拜呼万岁。至此，吕端才真正放了心。赵恒从此开始执政，在位25年。

史官对吕端评价很高，《宋史》评论道："吕端谏秦王居留，表表已见大器,与寇准同相而常让之,留李继迁之母不诛,真宗之立,闭王继恩于室,以折李后异谋,而定大计;既立,犹请去帘,升殿审视,然后下拜,太宗谓之大事不糊涂者,知臣莫过君矣。"

应当牢记的做人之道

从这段历史中可以看出,吕端在原则问题上不让步,是大事不糊涂。但他在"小事"上也并不"糊涂",比如扣押王继恩,让太子卷帘见大臣等,似乎都是细节小事,但却关系到全局。所以,在这种关系重大的"小事"上也不能糊涂。而日常生活中,很多事都是这类小事,如果一概糊涂,反而会误了大事。

识时务者,乃可成大事

做人的学问

做人要做明眼人,其中以识时务为最重要。一个人要取得良好的发展,外部机遇这个因素是不可缺少的。"时势造英雄",这个"时势"指的就是一种机遇。机遇的表现形式是多种多样的,良师的指导、贵人的提携、轻松的环境、朋友的帮助等都不失为一种机遇。机遇的来临若隐若现,要把握好并非易事。

> 但有一点是可以肯定的，机遇光临有心人的次数要比没有准备的人多得多。

中国历史上有个故事是"扶不起的阿斗"，阿斗是蜀主刘备的儿子，他虽然得到诸葛亮、姜维等能人的扶持，但因自己无定国安邦之雄心，最终落得个亡国奴的结局。可见，机遇是重要的，但它毕竟是外因，真正起作用还得靠奋斗着的人。因而说，先有人的勤奋努力，然后才有机遇女神的青睐。

成都武侯祠有一幅名联：

能攻心则反侧自消，自古知兵非好战；

不审时即宽严皆误，后来治蜀要深思。

这一名联是后人追溯诸葛亮治蜀的伟大业绩而写的。上联是指诸葛亮采取"攻心为上，攻城为下"的策略，七擒孟获，平定西南的历史，下联讲的是诸葛亮审慎分析蜀地的客观形势，采取从严治蜀的策略，取得显著治绩的故事。

据说，诸葛亮随同刘备入主西川之后，刘备要他制定治国的大政要略，诸葛亮主张从严治蜀。蜀郡太守法正不以为然。他对诸葛亮说："从前汉高祖刘邦入关，约法三章，关中百姓无不感激。我希望丞相效法刘邦，从宽治蜀，减轻刑法，放宽监禁，以慰百姓的不满。"诸葛亮说："你只知其一，不知其二。秦王朝法律严酷暴虐，百姓无法忍受。为此，汉高祖刘邦兵进咸阳之后，将秦朝旧法一概废除，实行杀人者死，伤人及盗抵罪的三章约法，以示宽大。为此，一人号召，天下响应，成就了伟大事业。而刘璋在川中统治多年，愚昧软弱，有益百姓的政治措施不能实行，有威严的刑罚不受尊重，豪门大户专权放纵，君臣纲纪不能维持，上下不思进取，死气沉沉。在这样的客观形势下治蜀，就要针锋相对，实行严治。唯有如此，法令实行起来，老百姓才会知道实行严厉法令的好处。在这种情况下治蜀，封官赏爵要有所限制。在有所限制的情况下实行封赏，被提升的人会有荣耀感。如此，百姓得益，官吏知荣，上下都会遵循法度。作为治理国家的要略，这一点最重要。"诸葛亮的宏论，当场为法正等人所信服。

从严治蜀的方略，得到了实践的证明。在这一方略指导下蜀地很快强大起来，物富民足，社会安定。

历史是英雄人物的画廊。英雄豪杰之所以能够在动荡不安的环境中立足，在尖锐激烈的社会竞争中取胜，有一条共同的诀窍，就是善识时务，顺应客观形势，遵循历史的需要，将自己的行为建立在对客观形势的冷静分析基础上。"识时务者为俊杰"，就是这个意思。

历史发展的趋势，社会现实的需要，是不可遏止的力量。顺之则昌，逆之则亡。陈胜、吴广以一介小民，振臂一呼，竟然天下云集而响应，发动了轰轰烈烈的秦末农民大起义，成为千古传颂的伟大人物，这是因为他们适应了秦末社会矛盾空前激化，一触即发的客观形势；袁世凯以一国总统的权威，巧设计谋，费尽心机，想做"洪宪皇帝"，结果全国共讨，万人痛骂，呜呼哀哉，一命归天，这是因为他的行为与中国人民痛恨封建专制、向往自由的愿望背道而驰。

个人的力量无论如何强大，与整个社会比较起来，都是渺小的、微不足道的，犹如大海浪尖上的一片树叶。要想成就一番事业，就必须认清形势，发现历史大潮的走向，掌握社会的脉搏跳动，顺应之，追随之，在客观条件的作用下，"好风凭借力，送我上青云"。这就是审时度势的功夫。历史上著名的政治家，都是审时度势的高手。

应当牢记的做人之道

显而易见，一个人要成大事，必须做识时务之人。这里的"时务"，是一个十分广泛的概念，它是指包围一个人的外部局势和情况。聪明的竞争者，有作为的俊杰之士，应该时时刻刻密切注视时势的现状和变化态势，掌握时代的脉搏，发现客观的需要，寻找得胜的时机，将自己的行为建立在扎实可靠的客观基础上，立于不败之地。

必须学会自我控制

做人的学问

自我控制是一种最难得地做人美德。拿破仑·希尔对美国各监狱的16万名成年犯人做过一项调查，发现了一个惊人的事实，这些不幸的男女犯人之所以沦落到监狱中，有百分之九十的人是因为缺乏必要的自制，因此，未能把他们的精力用在积

> 极有益的方面。这就是说，要想做个极为"平衡"的人，你身上的热忱和自制必须相等而平衡。

在芝加哥一家大百货公司里，拿破仑·希尔亲眼看到了一件事，说明了自制的重要性。在这家百货公司受理顾客提出抱怨的柜台前，许多女士排着长长的队伍，争着向柜台后的那位年轻女郎诉说他们所遭遇的困难，以及这家公司不对的地方。在这些投诉的妇女中，有的十分愤怒且蛮不讲理，有的甚至讲出很难听的话。柜台后的这位年轻小姐一一接待了这些愤怒而不满的妇女，丝毫未表现出任何憎恶。她脸上带着微笑，指导这些妇女们前往合适的部门，她的态度优雅而镇静，拿破仑·希尔对她的自制修养大感惊讶。

站在她背后的是另一个年轻女郎，她在一些纸条上写下一些字，然后把纸条交给站在前面的那位女郎。这些纸条很简要地记下妇女们抱怨的内容，但省略了这些妇女原有的尖酸而愤怒的语气。

原来，站在柜台后面，面带微笑聆听顾客抱怨的这位年轻女郎是位聋人。她的助手通过纸条把所有必要的事实告诉她。

拿破仑·希尔对这种安排十分感兴趣，于是便去访问这家百货公司的经理。他告诉拿破仑·希尔，他之所以挑选一名耳聋的女郎担任公司中最艰难而又最重要的一项工作，主要是因为他一直找不到其他具有足够自制力的人来担任这项工作。

拿破仑·希尔站在那儿观看那群排成长队的妇女，并且发现，柜台后面那位年轻女郎脸上亲切的微笑，对这些愤怒的妇女们产生了良好的影响。她们来到她面前时，个个像是咆哮怒吼的野狼，但当她们离开时，个个像是温顺柔和的绵羊。事实上，她们之中的某些人离开时，脸上甚至露出羞怯的神情，因为这位年轻女郎的"自制"已使她们对自己的作为感到惭愧。

自从拿破仑·希尔亲眼看到那一幕之后，每当对自己所不喜欢听到的评论感到不耐烦时，就立刻想起了柜台后面那名女郎的自制而镇静的神态。而且他经常这么想：每个人应该有一副"心理耳罩"，有时候可以用来遮住自己的双耳。拿破仑·希尔个人已经养成一种习惯，对于所不愿听到的那些无聊谈话，可以把两个耳朵"闭上"，以免在听到之后徒增憎恨与愤怒。生命十分短暂，有很多建设性的工作等待我们去进行，因此，我们不必对说出我们的不喜欢听到的话语的每个人去进行"反击"。

在拿破仑·希尔在他事业生涯的初期，他发现，由于缺乏自制，对生活造成了极为可怕的破坏。这是从一个十分普通的事件中发现的。这项发现使拿破仑·希尔获得了一生当中最重要的一次教训。

有一天，拿破仑·希尔和办公室大楼的管理员发生了一场误会。这场误会导致了他们两人之间彼此憎恨，甚至演变成激烈的敌对状态。这位管理员为了显示他对拿破仑·希尔的不悦，当他知道整栋大楼里只有拿破仑·希尔一个人在办公室中工作时，他立刻把大楼的电灯全部关掉。这种情形一连发生了几次，最后，拿破仑·希尔决定进行"反击"。某个星期天，机会来了，拿破仑·希尔到书房里准备一篇预备在第二天晚上发表的演讲稿，当他刚刚在书桌前坐好时，电灯熄灭了。

拿破仑·希尔立刻跳起来，奔向大楼地下室，他知道可以在那儿找到这位管理员。当拿破仑·希尔到那儿时,发现管理员正在忙着把煤炭一铲一铲地送进锅炉内,同时一面吹着口哨,仿佛什么事情都未发生似的。

拿破仑·希尔立刻破口大骂。一连5分钟之久,他都以比那个锅炉内的火更热辣辣的词句对管理员痛骂。

最后,拿破仑·希尔实在想不出什么骂人的词句,只好放慢了速度。这时候,管理员站直身体,转过头来,脸上露出开朗的微笑,并以一种充满镇静与自制的柔和声调说道:

"呀,你今天早上有点儿激动吧,不是吗?"

他的这段话就像一把锐利的短剑,一下子刺进拿破仑·希尔的身体。

想想看,拿破仑·希尔那时候会是什么感觉。站在拿破仑·希尔面前的是一位文盲,他既不会写也不会读,但虽然有这些缺点,他却在这场战斗中打败了自己,更何况这场战斗的场合,以及武器,都是自己所挑选的。

拿破仑·希尔知道,他不仅被打败了,而且更糟糕的是,他是主动的,而且是错误的一方,这一切只会更增加他的羞辱。

拿破仑·希尔转过身子,以最快的速度回到办公室。他再也没有其他事情可做了。当拿破仑·希尔把这件事反省了一遍之后,他立即看出了自己错误。但是,坦率说来,他很不愿意采取行动来化解自己的错误。

拿破仑·希尔知道,必须向那个人道歉,内心才能平静。最后,他费了很久的时间才下定决心,决定到地下室去,忍受必须忍受的这个羞辱。

拿破仑·希尔来到地下室后,把那位管理员叫到门边。管理员以平静、温和的声调问道:"你这一次想要干什么?"

拿破仑·希尔告诉他:"我是回来为我的行为道歉的——如果你愿意接受的话。"管理员脸上又露出那种微笑,他说:"凭着上帝的爱心,你用不着向我道歉。除了这四堵墙壁,以及你和我之外,并没有人听见你刚才所说的话。我不会把它说出去的,我知道你也不会说出去的,因此,我们不如就把此事忘了吧。"

这段话对拿破仑·希尔所造成的伤害更甚于他第一次所说的话,因为他不仅表示愿意原谅拿破仑·希尔,实际上更表示愿意协助拿破仑·希尔隐瞒此事,不使它宣扬出去,对拿破仑·希尔造成伤害。

拿破仑·希尔向他走过去,抓住他的手,使劲握了握。拿破仑·希尔不仅是用手和他握手,更是用心和他握手。在走回办公室途中,拿破仑·希尔感到心情十分愉快,因为他终于鼓起勇气,化解了自己做错的事。

在这件事发生之后,拿破仑·希尔下定了决心,以后绝不再失去自制。因为一失去自制之后,另一个人——不管是一名目不识丁的管理员,还是有教养的绅士——都能轻易地将他打败。

在下定这个决心之后,希尔身上立刻发生了显著的变化,他的笔开始发挥出更大的力量,他所说的话更具分量。在希尔开始所认识的人当中,他结交了更多的朋友,敌人也相对减少了很多。这个事件成为拿破仑·希尔一生当中最重要的一个转折点。拿破仑·希尔说:"这件事教导我,一个人除非先控制了自己,否则他将无法控制别人。它也使我明白了这两句话的真正意义:'上帝要毁灭一个人,必先使他疯狂'。"

应当牢记的做人之道

做人必须要学会自我控制,否则一切事情都会因你的失控而毁掉。有许多人正是因为失控而导致了一次一次人生的失败,这是做人的教训。

品尝快乐生活,就会日益充实

做人的学问

做人的快乐之道是什么呢?这个问题并不难回答。大多数人一生热衷于追求财富、权势、名誉,我们很少听人说:"我一生都在追求快乐。"因为,一般人总是相信,当他们得到财、权、名、利之后,快乐就随之而来了。不过,等到他们耗费毕生力气追到手之后才恍然大悟,快乐非但没有来,反而换来了痛苦。快乐的人知道,快乐是人生最重要的价值,也是一种生活的态度;而那些经常抱怨生活,或者活在痛苦边缘的人,他们羡慕别人的快乐,也希望自己活出快乐,但他们总是跨不进那扇快乐之门。

要追求快乐的生活,看似容易,却需要相当的智慧。那么什么是快乐呢？请看一位作家的理解吧！

1. 快乐就是一辈子做自己喜欢做的事。

2. 快乐是全力以赴，追求卓越。

3. 快乐就是充满希望。

4. 快乐的人只问耕耘，不问收获。

5. 每天生活紧张的人，是不会快乐的。

6. 凡事顺其自然，不必强求，就能快乐。

7. 人一旦只为钱而做事，那就注定与快乐绝缘。

8. 快乐不是一种兴奋剂，而是一种心灵的安定剂。

9. 快乐的人懂得珍惜，他们从不埋怨自己缺少什么，而会珍惜自己的拥有。

10. 快乐的人勇于尝试，敢于冒险。

11. 以工作为游戏时，生命就充满了快乐；以工作为义务时，生命就变成了无奈。

12. 快乐无所不在，无处不有！

你快乐吗？如果你不快乐，那你不妨听听他人的经验，早日找到通往快乐之门。这些快乐之人认为：

1. 实现愿望就是快乐——有人说，快乐的秘诀就是一辈子做自己喜欢的事。它是一种"幸福的美感"。快乐是比较即兴的、短暂的，幸福却是持久的，需要长期经营。

2. 快乐之人要摆对自己的位置——要做一位快乐主义者，但大多数的人中，十个里面几乎有九个都不快乐。

不快乐的人常常会带给别人压力，他们经常抱怨这个，抱怨那个。

但说也奇怪，不快乐的人通常不会承认"我不快乐"。

快乐需要智慧。快乐的人活得都很有味道，很潇洒，也很豁达。他们体悟到生命的无常，不知何时灾难突然就来，唯有保持豁达才能从容应付。

很多不快乐的人，他们痛苦的来源是因为"把自己摆错了位置"。快乐的人非常清楚如何安排生活；不快乐的人，每天睁开眼睛总是怀疑地自问："我究竟要干什么？"

我们周围有很多人，当他们下了班之后，就像个泄了气的皮球，整个人瘫坐在电视前面，要不就是酗酒、豪赌，生活得很无奈。这种人一定是摆错了位置，他可能想赚更多的钱，想爬得更高，或者有更多的欲望，由于不知道割舍，想要的太多，结果反而掉入痛苦的深渊。

所以说，要找快乐，就是懂得作出选择，看你究竟把自己摆在哪一位？权力、名声、财富，还是快乐？心理学家认为，快乐的来源包括"新的刺激"与"不断超越"。这就说明了那些酷爱山的人，为什么总是喜欢向高峰挑战的道理。

快乐是一种生活的态度。假使一个人一辈子有钱、有权、有名，却没有快乐，仍旧只能算是虚度此生。

3. 随兴、随心、随缘就是快乐——有一位知名作家说过一句话："快乐与哀伤就像两条并行的铁轨。""所有的快乐都是短暂的，人生其实是痛苦的。"人的一生，忧苦的时候比快乐的时候多。但是，话虽如此，我们并不一定就得哀哀戚戚地过日子。仔细想想，在我们的周围，每天都会听到一些坏消息，这些消息已经让我们无所逃遁，那为何不去找一些令人振奋的事情来替自己打气呢？

很多人认为，快乐难找，其实不然。谈快乐，其实根本不必用什么伟大的理论，应该落实在世俗的生活层面。

物质欲望上如果保持恬淡，精神上就能有更大的空间去丰富它。而且，物欲上的东西"边际效益"递减速度反而特别快。我们常叹，人生无奈，总是有牵扯不完的琐事，不是担心这个，就是担心那个。在短暂的生命中，每个人应该留一些空间做自己想做的事。而且，只问耕耘，不问收获。

应当牢记的做人之道

人生的终极目标就是成功和快乐。一个失败的人生等于枉度一生，一个没有快乐的人生也等于虚度此生。从现在开始，追求并享受你一生的成功与快乐吧！

小人物也要重视

做人的学问

人与人之间地位是有差异的，但不能说明位卑之人就无能力，同样要重视小人物的力量，给他们提供成大事的机会。

战国初期，魏国是最强大的国家。这同国君魏文侯的贤明是分不开的。他最大的长处是"礼贤下士"，"知人善任"，器重和尊敬品德高尚而又具有才干的人。

魏国有一个叫段干木的人，德才兼备，名望很高，隐居在一条僻静的小巷里，不肯出来做官。魏文侯想同他见面，向他请教治理国家的方法。有一天，他坐着车子亲自到段干木家去拜访。段干木听到文侯车马响动，赶忙翻墙跑了。魏文侯吃了闭门羹，只得怏怏而回。以后接连几次去拜访，段干木都不肯相见。但是，段干木越是这样，魏文侯越是仰慕，每次乘车路过他家门口，都要从座位上站起来，扶着马车的栏杆，伫立仰望，表示敬意。

左右的人对此都有意见，说："段干木也太不识抬举了，您几次访问他，他都避面不见，你还理他做什么呢？"魏文侯摇摇头说："段干木先生可是个了不起的人啊，不趋炎附势，不贪图富贵，品德高尚，学识渊博。这样的人，我怎么能不尊敬呢？"后来，魏文侯干脆放下国君的架子，不乘车马，不带随从，徒步跑到段干木家里，这回好歹见了面。魏文侯恭恭敬敬地向段干木求教，段干木被他的诚意所感动，替他出了不少好主意。魏文侯请段干木做相国，段干木怎么也不肯。魏文侯就拜他为师，经常去拜望他，听取他对一些重大问题的意见。

这件事很快就传开了。人们都知道魏文侯"礼贤下士"，器重人才。于是一些博学多能的人如政治家翟璜、李悝，军事家吴起、乐羊等先后来投奔魏文侯，帮助他理国家。特别是李悝，在魏国实行变法，废除奴隶制的政治、经济体制，使新兴的地主阶级起来参与国家政权，使魏国经济迅速地发展起来，终于成为最强大的诸侯国之一。

人与人之间社会地位不平等，有的人官做得大，有的人官做得小；有的人有钱，有的人没钱……这一切有时也决定了彼此面子上的差别。一般情况下，处于劣势的人脸子都小，与"大人物"交往心有顾忌，生怕被人瞧不起。

这时，身居高位的人在自己的言行中更要小心谨慎，你的一句话、一个眼神儿，一个动作，都说不定会触及他人敏感的神经。许多成功的伟人深明此理，往往对处于下位的人格外关照，因此也就格外赢得人心。这恰好应了那句俗话："不是虚心岂得贤！"

让"小人物"感到自己受重视，没有被冷落，光靠热情礼貌还嫌不够。有时还必须施展一些手段，把双方的面子扳平，使"小人物"脸上有光。这里提供两个简便易行的方法，不妨一试：

其一，适度地往自己脸上抹点儿"黑"，讲一桩自己的"丑事"。人情面子像一块跷跷板，一头高，另一头自然就低。通过自我"抹黑"把身份降低，大家感觉上就平起平坐了。

威尔逊当选为美国新泽西州州长之后，有一次，在纽约出席一个午餐会，主持人在介绍他时，称他为"未来的美国总统"。这自然是对他的刻意恭维，可是对其他在座的人来说，却产生了相形见绌之感，众人的脸上都有些挂不住了。

威尔逊因此想扭转这种一人得意众人愕然的局面。他起立致词，在几句开场白之后，他说：

"我自己感到我在某方面很像一个故事里的人物。有一个人在加拿大喝酒过了头，结果在乘火车时，原该坐往北的火车，却乘了往南的火车。

"大伙发现这一情况,急忙给往南开的列车长打电报,请他把名叫约翰逊的人叫下来,送上往北的火车,因为他喝醉了。

"很快,他们接到列车长的回电:'请详示约翰逊的姓,车上有好几名醉汉,既不知自己的名字,也不知该到哪去。'"

威尔逊最后说:"自然,我知道自己的名字,可是我却不能像主持人一样,知道我的目的地是哪里。"

听众大笑。威尔逊幽默的谦逊,使众人感觉摆平了面子,因此,消除了敌对不服的恶意。

其二,记住"小人物"的名字。

在人声嘈杂的会议室里,我们听不见别人与己无关的夸夸其谈,可是,如果他们偶尔提到你的名字,那么你的大名立刻就会飞到你的耳朵里。当你走在街上行走时,如果突然听到有人叫你的名字,尽管你还没有发现呼唤你的人,但你也会下意识地停下脚步,予以回答,并左顾右盼,寻找呼唤你的人。正如一位心理学家断言:在人们心目中,唯有自己的名字是最美好、最动听的。

人们在日常生活中,都有这么一种共同的体验:能够在邂逅的场合立刻叫出你名字的人,你马上会觉得脸上很光彩,有一种被他人重视的甜蜜感,从而迅速对对方发生好感。

当年罗斯福首次竞选美国总统的时候,为了帮助他在竞选中获胜,他的助手吉姆·法里,充分发挥他超人的记忆力,吉姆周游美国各地,结识了各界人士两万多人,并且能准确无误地分别随意叫出其中任何一个人的名字。不仅如此,他还尽可能将对方的家庭情况政治见解等牢记在心。下次再见面时,他就问问对方家里人的情况,以及庭院里树长得怎样了之类的问题。这样一来，被结识的人感到十分高兴和荣幸，随之爱屋及乌，纷纷对罗斯福担任总统投了赞成票，从而奠定了他竞选获胜的广泛的社会基础。

也许可以说，罗斯福当选总统，很大程度上应归功于他的助手吉姆·法里的绝招——广记人名。

姓名是最甜的语言，说出对方的名字，这会成为他所听到的最甜蜜、最重要的声音。对"大人物"来说，记住他人姓名的方法，可以说最经济、最便捷、最有效地满足他人面子需要的诀窍。

应当牢记的做人之道

做人不可忽视小人物，小人物既能毁掉你，也能成全你。你要想成就自己，必须有时刻与小人物相处的艺术，切忌让他们成为你的绊脚石。

牢记"防患于未然"之训

做人的学问

做人必须有防患意识，因为事物发展往往有多种可能，既有好的可能，也有坏的可能。我们办事情，想问题，应该立足

> 于可能性的复杂，从最坏处着眼、向最好处努力，千万不可掉以轻心、麻痹大意。防患于未然，这是聪明人的做法。

明朝洪武年间，郭德成担任骁骑指挥，曾有一次进内宫，明太祖拿出二锭黄金放在他的袖子里，说："只管回去，不要说出去。"郭德成恭敬地答应了。等到他走出宫门的时候，把金子装在靴筒里，装出喝醉的样子，脱下靴子露出了金子。把守门的人将这事报告给太祖，太祖说："是我赏给他的。"有人为此责备郭德成。郭德成说："九重宫门防守得这样严密，暗藏金子一旦被发觉，岂不要说是你偷的？况且，我的妹妹在宫中侍候皇上，我进出皇宫不受阻挡，怎知道皇上不是以这个办法试探一下呢？"众人听了，都佩服郭德成的见识。

宋仁宗无子，听韩琦等大臣的劝谏，立宗室之子为太子。不久，仁宗驾崩，太子即位，这就是宋英宗。宋英宗有病，下诏请皇太后一同处理军国大事，但英宗有病加上有的人挑拨离间，英宗和太后的关系不太好。

一天，太后给韩琦送一封密信，说皇帝对她不孝顺，请韩琦"为孀妇作主"，还派了一名心腹之臣专门等待他的回话。韩琦读完信后说："我一定办。"

过了两天，韩琦寻了个机会，和英宗谈了这件事，说："这事千万不要外泄。您有今日，全是太后的支持，恩不能忘，虽然你们不是亲母子，如果您能尽力孝敬她，双方的关系就会融洽的，一切麻烦都会消失。"英宗说:"我按您的意思办。"韩琦说:"这封信,我不敢留下,已经秘密地烧掉了。这件事是极为要紧的,一旦泄露到外面去,恐怕那些别有用心的人就要借机生事、编造逸言了。"英宗深以为然。

从此以后,宋英宗和太后关系很好,外人一点也看不出破绽。

郭德成和韩琦,都是很有远见的。为防止意外事件的发生预先采取防范措施,稳扎稳打,步步为营,因而,总能立于不败之地。

历史上也有那么一些人,防范心理较弱,也没有防范的措施和方法,为此吃亏上当,悔之莫及。孙策就是一个例子。

孙策是东汉末年的风云人物,占有江东全部领土。曹操和袁绍在官渡交战的时候,他与人谋划,袭击许昌。许昌是曹操的老巢,曹操部下听到这事,都很恐慌。有一位郭嘉却说:"孙策新近吞并了江东的土地,诛杀了当地的英雄豪杰,这是他能得到部下拼死效力的结果。可是,孙策遇事轻心大意,不善防备。虽然有百万之众,和孤身一人没有什么两样,若是有一个埋伏的刺客杀出来,他就对付不了。据我看来,他必定死在刺客匹夫手里。"孙策的谋士虞翻也因为孙策好骑马游猎,劝谏道:"您指挥零散归附的将士,就能得到他们拼死效力,这是汉高祖的雄才大略呀!但您轻易暗地里出行,将士们都很忧虑。那白龙化作大鱼在海里游玩,就会被渔夫捉住;白蛇爬出山中,被刘邦斩杀了。这都是教训,希望您能谨慎些。"孙策说:"先生的话很有道理。"

然而,孙策始终改不了老毛病。等到他出兵袭击许昌时,到了长江口,还没过江,就像郭嘉预料的那样,被许贡的门客所杀。

郭嘉、韩琦的远见卓识和孙策的粗心大意,在此得到集中体现。孙策诛杀了那么多的英雄豪杰,有多少人对他切齿痛恨?有多少人想寻找机会报仇雪根？可他却全然不放在眼里，单枪匹马，独自外出，其英雄胆气可嘉，而处事之能却甚为可怜！

应当牢记的做人之道

做人，尤其是做聪明人，一定要牢记"防患于未然"之训，不要有亡羊补牢之习。这是成大事的基本。有些人等到出现漏洞以后，才知道自己做错了，这是笨人所为。

一定要建立有效的人际关系

> **做人的学问**
>
> 做人离不开有效的人际关系。所有这些成功的人都有一个共同的特性——他们都懂得如何有效地同别人打交道，这些人在这方面有可贵的直觉，他们学到了这方面的技能。人们应当懂得如何去影响别人的思维方式，许多事情的失败，常常都可以归结为与他人打交道的失败。

对于我们生存的这个世界来说，人是最宝贵的。对于生存于世的每一个个体来讲，人也是最重要的。只要你生存在这个世界上，不管你愿意与否，你都必须同人打交道，如今再没有人能够到森林山洞去隐居，去忍受鲁滨孙式的孤独生活。为了让自己的努力换来更大的成功，我们离不开社会环境，离不开周围的人。

在现实中，我们经常看到类似的现象：

1. 一位工作出色的机修工，却最先被老板解雇了。

2. 一位在班上成绩并不算得上最好，表现也并不怎么样的学生，毕业后却比别人找的工作更好，干得也更出色。

3. 一位在部门工作最辛苦的职员，却没有签订延期的合同。

当然，我们无法用几个字或一句话来解释这些现象，但有一点，这些人的个性以及他们把握别人的能力肯定与别人有所差别。有效的人际关系，应该基于一种有效的相互作用。这种相互作用，不应当失去平衡，以至于让一个软弱的人听任别人把他当作逆来顺受的羔羊加以利用，或者让一个专横的人以独裁者的性格把自己的方式强加给别人。

让我们看看卡耐基技术研究所进行的一项有趣研究吧。这项研究表明，在工作中获得成功所要求的技能，85％是基于个性，只有15％是因为技术和训练。任何人际关系，无论是私人交往，还是业务关系，如果它是以成年人的那种互利的观念来支配的话，对双方来说只会有益。你为别人提供急需的东西，人家也会满足你的需求。有效的人际关系，只有使相互间感情上的基本需要得到满足，才是行得通的。这些基本的感情需要是：

1. 对工作成就的理解；

2. 认可与欣赏；

3. 友爱和安全感。

不过，我们也应当理解人的本性。在我们的心灵深处，人首先考虑到的是自己。尽管这听起来也许有些刺耳，但这种自我意识却是人类生存下来的理由。我们都说："人人为我，我为人人。"如果我们走得离这种生存的自我意识太远，总是把别人的需要看得高于自己的需要而做出"牺牲"，总是否定自己的需要，那也就是否认了我们自身，使自己失去了作为一个有价值的人的意识。一旦我们达到这种自我否定的地步，我们就会在人际关系中面临极大的困难，并在通往成功的路上设置下重重障碍。

应当牢记的做人之道

人与人之间的关系如何，必须是聪明人做人应当考虑的大问题，否则你就会被人际关系所困，而找到最有效的人际力量。

多点人情味，就会回味无穷

做人的学问

做人究竟是否应该有人情味呢？也许，我们有时也许激怒了他人，或者被人激怒。当你被人激怒，并且说了一大堆气话之后，你确实可以消除自己的情绪，让自己得到一些轻松，但

> 是你想过他人没有？别人会怎样呢？他会分享你的一吐为快吗？你那充满愤怒的声调、敌对的态度，真能够使他同意于你吗？

"假如你握紧双拳找上我，我想我也会不甘示弱。"伍德罗·威尔逊说道，"但是，假如你对我说：'让我们坐下来讨论讨论，如果我们意见不同，不同之处在哪里，问题的症结在哪里？'那么，我是可能接受的。我们也许只在部分观点上不同，但大部分还是一致的。只要彼此有耐心，开诚布公，还是可以达到步调一致。"威尔逊的这番说法显然还不及小洛克菲勒。

远在1915年的时候，小洛克菲勒还是科罗拉多州一个不起眼的人物。当时，发生了美国工业史上最激烈的罢工，并且持续达两年之久。愤怒的矿工要求科罗拉多燃料钢铁公司提高薪水，小洛克菲勒正负责管理这家公司。由于群情激愤，公司的财产遭受破坏，军队前来镇压，因而造成流血，不少罢工工人被射杀。

那样的情况，可说是民怨沸腾。小洛克菲勒后来却赢得了罢工者的信服，他是怎么做到的？

小洛克菲勒花了好几个星期结交朋友，并向罢工者代表发表谈话。那次的谈话可谓之不朽，它不但平息了众怒，还为他自己赢得了不少赞赏。演说的内容是这样的：

这是我一生当中最值得纪念的日子，因为这是我第一次有幸能和这家大公司的员工代表见面，还有公司行政人员和管理人员。我可以告诉你们，我很高兴站在这里，有生之年都不会忘记这次聚会。假如这次聚会提早两个星期举行，那么对你们来说，我只是个陌生人，我也只认得少数几张面孔。由于上个星期以来，我有机会拜访整个附近南区矿场的营地，私下和大部分代表交谈过。我拜访过你们的家庭，与你们的家人见面，因而现在我们不算是陌生人，可以说是朋友了。基于这份互助的友谊，我很高兴有这个机会和大家讨论我们的共同利益。

由于这个会议是由资方和劳工代表所组成，承蒙你们的好意，我得以坐在这里。虽然我并非股东或劳工，但我深觉与你们关系密切。从某种意义上说，也代表了资方和劳工。

多么出色的一番演讲，这可能是化敌为友的一种最佳的艺术表现形式之一。假如小洛克菲勒采用的是另一种方法，与矿工们争得面红耳赤，用不堪入耳的话骂他们，或用话暗示错在他们，用各种理由证明矿工的不是，你想结果如何？只会招惹更多的怨愤和暴行。

假如人心不平，对你印象恶劣，你就是用尽所有基督理论也很难使他们信服于你。想想那些好责备的双亲、专横跋扈的上司、唠叨不休的妻子。我们都应该认识到一点：人的思想不易改变。你不能强迫他们同意于你，但你完全有可能引导他们，只要你温和友善。

以上是林肯在100多年前所说的，他还说道：

这是一句古老而颠扑不灭的处世真理："一滴蜂蜜要比一加仑的胆汁能招引更多的苍蝇。"人也是如此，如果你想赢得人心，首先要让他人相信你是最真诚的朋友。那样就像有一滴蜂蜜吸引住他的心，也就是一条坦然大道，通往他的理性。

商界人士都知道，对罢工者表示出一种友善的态度是必要的。举例来说，怀特汽车公司的某一工厂有250个员工，他们因要求加薪而举行罢工。当时的公司总裁罗伯·布莱克没有采取动怒、责难、恐吓或发表霸道谈话的做法，而是在报刊上刊登了一则广告，称赞那些罢工者"用和平的方法放下工具"。由于发现罢工无事可做，布莱克便买了许多球棒和手套让他们在空地上打棒球。有些人喜欢保龄球，他便租下了一个保龄球场。

布莱克先生富于人情味的举动，得到的当然是富有人情味的反应。那些罢工者找来了扫把、垃圾推车，开始把工厂附近的纸屑、烟头、火柴等垃圾扫除干净。想得到吗？一群罢工工人在争取加薪、承认联合公司成立的时候，同时清除工厂附近的地面！这在漫长、激烈的美国罢工史上是绝无仅有的。这次罢工终于在一星期内获得和解，并没有产生任何不快或遗恨。

著名律师丹尼·韦伯斯特被许多人奉若神灵。虽然他的声誉如日中天，但他那极具权威的辩论始终充满了温和的字眼，他的辩论中经常出现这些词语："这有待陪审团的考虑"、"这也许值得再深思"、"这里有些事实，相信您没有疏忽掉"、"这一点，由您对人性的了解，相信很容易看出这件事的重大意义"——没有恫吓，没有高压手段，没有强迫说明的企图。韦伯斯特用的都是最温和、平静、友善的处理方式，但仍不失其权威性，而这正是他成功的最大助力。

如果你发起脾气，对人家说出一两句不中听的话，你会有一种发泄的痛快感。但对方呢？他会分享你的痛快吗？你那火药味的口气，敌视的态度，能使对方更容易赞同你吗？

"如果你握紧一双拳头来见我，"威尔逊总统说，"我想，我可以保证，我的拳头会握得比你的更紧。但是如果人来找我说：'我们坐下，好好商量，看看彼此意见相异的原因是什么。'我们就会发觉，彼此的距离并不那么大，相异的观点并不多，而且看法一致的观点反而居多。你也会发觉，只要我们有彼此沟通的耐心、诚意的愿望，我们就能沟通。"

伊索是希腊王克里萨斯宫中的一名奴隶，在公元前600年，讲述了一些不朽的寓言。但他所讲的有关人性的真理仍像25世纪前适用于雅典那样适用于波士顿。太阳能比风更快使你脱下大衣；仁厚、友善的方式比任何暴力更易于改变别人的心意。

别忘了林肯所说的：

"一滴蜜比一加仑胆汁，能捕到更多的苍蝇。"

因此，当你希望别人同意你的想法时，请记住这一条规则：

以一种友善的方式开始。

不管你是谁——你都可以是一个绝妙的人！然而某些个别的人可能不是这样想。如果你觉得他们对于你所说的话、所做的事反应不当，并含有不应有的对立，你对这事就要采取一些措施。他们，正同你一样，是通情达理的。

别人对你作出的令人不愉快的反应，可能是由于你所说的话以及你说这些话的方式或态度不当。话音往往能反映说话人的语气、态度和心中潜在的思想。你要认识到过失在于你，这可能是困难的，当你认识到过失确实在于你时，你要采取主动，改正错误，这或许是同样困难的——但是你能做到这一点。

如果别人说的话或者说话的方式使你的感情受到伤害，那就很可能是由于你自己说了什么错话或者说话的方式不对而冒犯了别人。确定了你的感情受到伤害的真正原因，你才能避免使得别人作出同样的反应。

如果你发现某人对你说话的声调和态度不大喜欢，你就应该避免使用这样的声调和态度，以免冒犯别人。

如果某人用一种发怒的声音向你叫喊而使你感觉十分不快，你就要想到你用那种声音对别人叫喊，也会使别人感到不快——即使他是你5岁的儿子，或者很亲密的亲戚。

如果一个人误解了你的好意，你就该表明你的真心，以消除误会。如果你喜欢受到称赞，如果你喜欢人家记住你，如果你获悉某人在怀念你，你就觉得高兴。你应该确信：如果你称赞别人，或者写一封短信，让他们知道你在想念他们，他们一定是很高兴的。

安慰伤心的人是很难的。去丧宅、去医院、去见惨遭解雇的朋友，去遇上飞来横祸的同事家……，人人心情都非常沉重，真不知该说什么好。

但是，人还是需要安慰的，流泪的日子，有贴心的人相伴，烦乱的心情就容易安定，比较能思考该何去何从。

所以，纵使"与喜乐的人同乐"比较简单，还是要试着"与哀伤的人同哭"。患难见真情，人在悲伤中更需要安慰，所以，具备安慰人的能力是十分必要的。

面对伤心的人，首先要有温柔的心，即使自己是对方的上司，也绝不能摆出高傲姿态。如果是开车来，最好把车停在远处，走上一段路，以表示对受苦心酸者的尊重。安慰者的服装宜朴素，避免过度打扮。

安慰的话需出自真诚的爱心，若心中有爱，比千言万语的虚伪话更能帮助人。安慰时，多想到对方的苦、对方的好，就容易以心头激发出合宜的话。有些人的安慰是应付、是敷衍，反而增加了对方的痛苦。

具有建设性的安慰十分可贵，它的重点是：

1. 有前瞻性，多看未来。
2. 发展新观点，以新的角度看事情。
3. 想出着力点，具体突破。
4. 创造新远景，帮助对方看到更好的未来。
5. 协助对方制定改善步骤，并提供资源，鼓励对方积极执行。

应当牢记的做人之道

不管对方的困境是什么，安慰者都可以协助想出可行的方法，然后在各种方法中找到自己特别能出力的部分，继续帮助。只要对方有了头绪，总算走出痛苦，你就容易出些力量，持续关怀。几句智慧的话，一两个传神的比喻，贴心的问候卡和关怀信……都可以做安慰人的辅助工具。平日不妨先准备着这些话，万一遇上相识的人有难，可派上用场。"人生在世，必有苦难"，安慰者的工作虽沉重，但能给人安慰，是珍贵的。

捕捉别人的嗜好

做人的学问

做人能投人所好，极其重要。一个聪明的人总是善于捕捉

> 别人的嗜好，然后赢得他的心。这是成大事一种必不可少的做人法则。

纽约电话公司对电话中的谈话做了一项详细的研究，想找出哪一个词最常在电话中被提到。你猜到了：这个词就是第一人称的"我"。在500个电话的谈话中，这个词被使用了3950次。

当你拿起一张你也在内的团体照片，你最先看的是谁呢？

如果我们只是要在别人面前表现自己，使别人对我们感兴趣的话，我们将永远不会有许多真实而诚挚的朋友。朋友，真正的朋友，不是以这种方法交成的。

法国部队的大统帅拿破仑试过这种方法，而在他跟约瑟芬最后一次见面的时候，他说："约瑟芬，我是世界上有史以来最幸运的人；但是，在此刻，你是世界上我唯一能够依赖的人。"而历史家们怀疑他是否真的能够依赖她。

已过世的维也纳著名心理学家亚佛·亚德勒，写过一本叫做《感兴趣的意识和学问》的书。在那本书中，他说："对别人不感兴趣的人，他一生中的困难最多，对别人的伤害也最大。所有弱者的失败，都出自这种人。"

你也许读过几十本有关心理学的书籍，还没见到一句对你我来说更有意义的话。

有一次亚特森在纽约大学选修一门短篇小说写作的课程，在课程中，《柯里尔》杂志的主编到班上来给他们上课。他说，他拿起每天送到他桌上的数十篇小说,只要读了几段,就能感觉出作者是否喜欢别人。"如果作者不喜欢别人",他说,"别人就不会喜欢他的小说"。

这位激动的主编,在讲授小说写作的过程中,曾经停下来两次,为他的传授大道理而致歉。"我现在所告诉你们的",他说,"跟你们的牧师所告诉你们的,是完全相同的东西。但是,请记住,如果你要成为一名成功的小说家的话,你必须对别人感兴趣。"

如果小说写作真是如此的话,你可以确定,待人处世尤其是如此。

豪华·哲斯顿最后一次在百老汇上台的时候,卡耐基花了一个晚上待在他的化妆室里。哲斯顿,一位魔术大师。他被公认为魔术师中的魔术师。前后四十年,他到世界各地,一再地创造幻象,迷惑观众,使大家吃惊得喘起气来。共有六千万人买票去看过他的表演,而他赚了几乎两百万美元的利润。

卡耐基请哲斯顿先生告诉他成功的秘诀。他的学校教育当然跟这一点关系也没有,因为他很小的时候就离家出走,变成了一名流浪者,搭霸王货车,睡在谷堆里,沿门求乞,坐在车中向外看着铁道沿线上的标志,因而学到了识字。

他的魔术知识是否特别丰富?不,他告诉卡耐基,关于魔术手法的书已经有好几百本,而且有几十个人跟他懂得一样多。但他有两样东西,其他人则没有。第一,他能在舞台上把他的个性显现出来。他是一个表演大师。他了解人类天性。他的所作所为,每一个手势,每一个语气,每一个眉毛上扬的动作,都在事先很仔细地预习过,而他的动作也配合得分秒不差。但除此之外,哲斯顿对别人真诚地感兴趣。他告诉卡耐基,许多魔术师会看着观众,而对自己说,"嗯,坐在底下的那些人并不聪明;

我可以把他们骗得团团转是没错的。"但哲斯顿的方式完全不同。他跟卡耐基说，每次一走上台，他就对自己说："我很感激，因为这些人来看我表演。他们使我能够过着一种很舒适的生活。我要把我最高明的手法，表演给他们看看。"

他宣称，他没有一次在走上台时，不是一再地对自己说："我爱我的观众。我爱我的观众。"可笑？荒谬？你要怎么想都可以。

舒曼·海思克夫人对卡耐基说过类似的话。即使饥饿和伤心，即使生活中充满着这么多的悲剧，使她有一度差点杀死她自己和她的婴孩——即使这么不幸，她也一直唱下去，终于变成有史以来最卓越的华格纳歌唱者，而她也坦白地说，她成功的秘诀之一是，对别人无限地感兴趣。

宾夕法尼亚州北华伦城的乔治·戴克，因一条高速公路从他的服务站头上跨了过去，而被迫从他的事业上退休。没多久，退休的那种无聊日子就使他受不了。所以他开始拉他那把旧提琴，来打发时间。然后，他又到处旅行去听音乐，和许多修养很深的提琴家们会面。他以谦虚和友善的态度，对每位他遇见的提琴家和他们的背景产生兴趣。虽然他自己并不是什么伟大的提琴家，但他就因那样子而交了许多朋友。他又参加了许多的比赛，很快的，美国东部的乡村音乐迷就知道"乔治叔叔"这个人了——一位金苏阿郡的提琴家。当我们听到乔治叔叔的大名时，他已72岁了，而且仍然享受着他每一分钟的生命。由于持续对别人所产生的一种兴趣，当大部分的人都会认为他们的时代已经过去时，他却为自己创造了一个新的生命。

就是由于对别人的事情同样强烈地感兴趣，使得查尔斯·伊里特博士变成有史以来最成功的一位大学校长。他当哈佛大学的校长，从南北战争结束后一直到第一次世界大战的前五年。下面是伊里特博士做事方式的一个例子。有一天，一名大学一年级的学生克兰顿到校长室去借50美元的学生贷款，这笔贷款获准了。"接着我感激万分致谢一番，正要离去的时候，"——引用克兰顿自己的叙述——"伊里特校长说：'请再坐会儿。'然后他令我惊奇地说：'听说你在自己的房间里亲手做饭吃。我并不认为这坏到哪里去，如果你所吃的食物是适当的，而且分量足够的话。我在念大学的时候，也这样做过。你做过牛肉狮子头没有？如果牛肉煮得够烂的话，就是一道很好的菜，因为一点也不会浪费。当年我就是这么煮的。'接着，他告诉我如何选择牛肉，如何用文火去煮，然后如何切碎，用锅子压成一团，放冷再吃。"

下面是另一个例子：

好多年来，费拉达尔菲亚的克纳弗，一直试着要把煤推销给一家大的连锁公司。但是该连锁公司继续从另一个镇上把煤买来，继续经过克纳弗的办公室而不进去。有一天克纳弗先生在卡耐基的班上发表一段谈话，把连锁公司骂得体无完肤，说它们是美国的一个毒瘤。

而他仍然不懂为什么他无法把煤卖给他们。

卡耐基建议他采取不同的技巧。长话短说，底下是事情的经过。班上分组辩论，题目是："连锁公司的分布各处，对国家害多于益。"

在卡耐基的建议下，克纳弗站在否定的一边；他答应为连锁商店辩护，于是就跑到那家他痛恨的连锁公司，去会见一位高级职员，他说："我不是来这儿推销煤。我是来请你帮我一个大忙。"他接着把辩论的事告诉他，说，"我是来找你帮忙的，因为我想不出还有谁比你更能提供我所需要的资料。我非常想赢得这场辩论；你的任何帮忙，我都会非常感激。"

下面，是以克纳弗先生自己的话说出故事的结果："我请他给我一分钟的时间。就是因为这个条件，他才答应接见我的。当我说明来意之后，他请我坐下来，跟我谈了一个小时又四十七分钟。他请一位曾写过一本有关连锁商店书本的高级职员进来。他写信给全国连锁组织公会，为我要了一份有关这方面的辩论文件。他觉得连锁商店对人类是一种真正的服务。他很以他为数百个地区的人民所做的而感到骄傲。当他说话的时候，眼睛都闪出光芒。我必须承认，他使我看到了一些我以前连做梦都不会梦到的事，他改变了我对整个事物的想法。当我要走的时候，他送我到门边，把他的手臂环绕着我的肩膀，祝我辩论得胜，请我再去看看他，把辩论的结果告诉他。他对我所说的最后几句话：'请在春末的时候再来找我。我想下一份订单，买你的煤。'对我来说，这简直是奇迹。我一句话也没提出来，他居然主动要买我的煤。我在两小时中，因为对他和他的问题深深地感兴趣，比十年中我要使他对我和我的煤感兴趣，所得到的进展还要多。"

克纳弗先生并没有发现另一项新的真理，因为好久以前，在耶稣出生的一百年前，一位著名的老罗马诗人西拉斯就曾经说过："我们对别人感兴趣，是在别人对我们感兴趣的时候。"

应当牢记的做人之道

要表示你的关切。这跟其他人际的关系一样，必须是诚挚的。这不仅使得付出关切的人有些成果，接收这种关切的人也是一样。它是条双向道，当事人双方都会受益。如果你要别人喜欢你，或是培养真正的友情，还是既要帮助别人又是帮助自己，就把这句话记在心里:对别人表现出诚挚的关切。

巧妙"嫁接"别人的长处

> **做人的学问**
>
> 做人应当是吸收别人长处的一门学问。苏格拉底曾一再告诉门徒:"我唯一知道的,就是我不知道什么。"你不可能比苏格拉底更加聪明,所以从现在开始,最好不要再指出人们有什么错,更不要将自己的观点强加给他人,因为你的观点也并非完全正确。

如果你认为有些人的话不对——不错,就算你确信他说错了——你最好还是这样讲:"啊,慢着,我有另一个想法,不知对不对。假如我错了的话,希望你们纠正我。让我们共同来看看这件事。"

很奇妙,的的确确很奇妙,尤其是像这样的话:"我可能不对,让我们来看看这件事。"天上或地下绝对没有人会反对你说"我可能不对,让我们来看看这件事。"

马布里的一位学员哈洛·雷恩克就曾用这种方式处理顾客纠纷,他是道奇汽车在蒙大拿州的代理商。雷恩克在报告时指出,由于汽车市场面临的竞争压力，在处理顾客投诉案件时，你常常显得冷漠无情，这就很容易引起愤怒，甚至做不成生意，或造成许多不快。

他告诉班上的其他学员："后来我想清楚了，这样确实无济于事，后来便改变了做事的办法。我转而向顾客这么说：'我们公司犯了不少错误，我实在深以为憾，请把你碰到的情形告诉我。'"

这种方法显然消除了顾客的敌意。情绪一放松，顾客在处理事情的过程当中就容易讲道理了。许多顾客对我的谅解态度表示感谢，其中两个人甚至后来还带来自己的朋友买车。在竞争激烈的市场上，我们很需要这样的顾客。而我相信尊重顾客的意见，对待顾客周到有礼，都是赢得竞争的本钱。

你永远不会因为认错而导致麻烦。只有如此才能平息争论，诱使对方也能同你一样公正宽大，甚至也承认他或许错了。

著名心理学家卡尔·罗杰斯在他的书中写道：能了解别人的想法，你会获益很大。也许你会觉得奇怪，真有必要去了解别人吗？我想是的。我们对许多"陈述"的第一个反应常常是"估量"或"评断"，而不是去"了解"。每当有人表达自己的感受、态度或是信念时，我们通常即刻作出的反应是："这是对的"、"这好蠢"、"这是不正常的"、"那毫无道理"、"那是错的"、"那个不好"。我们很少要自己去了解陈述者话中的真正涵义。

有一次，马布里请了一位室内装潢师设计家中的窗帘。等账单送来时，价钱着实让他吓了一跳。

隔了几天，有个朋友来访看到了那些窗帘。她问起价钱，然后以夸张的态度宣称："什么？别吓人！我想你是受骗了！"

马布里想她说得不错。但很少有人听得到他人讲出这种真话、这样的宣判。于是，马布里为自己辩解，提出便宜非好货等道理。

第二天，另一个朋友来访，对那些窗帘赞不绝口，还说希望她也能买得起这种漂亮的货色。马布里的反应与前一天截然不同："啊，老实说，我也差点付不起。我买贵了，真后悔没先问好价钱。"

当你们犯错的时候，也许会私下承认。当然，假如别人的态度温和一些，或显得有些技巧，你也会向他们认错，甚至自认为坦白、心胸宽大。但是，假如对方有意让你难堪，情况又不同了。

马布里现在确信，如果你过于直率地指出别人的错误，再好的意见也不会被人接受，甚至会受到很大的伤害。你剥夺了别人的自尊，也让自己成为讨论中最不受欢迎的一部分。

有人曾问马丁·路德·金为何身为一个和平主义者，却倾向于白人空军将领丹尼尔·詹姆士，而非黑人高级官员。马丁·路德·金博士回答："我以别人的原则去判断他们，而非用我的原则。"

同样的，罗伯特·李将军有次同南方联邦总统杰斐逊·戴维斯谈麾下的一名军官。李将军对其称赞有加。另一位军官很诧异，他问李将军："难道你不知道那个人无时不在攻击你、诽谤你吗？""我知道。"李将军回答，"不过总统是问我对他的看法，不是问他对我的看法。"

应当牢记的做人之道

别与顾客、配偶或敌人发生冲突，别指责他们的错误，别惹他们动怒。如果非得与人发生对立，也得运用一点技巧。所以，要尊重别人的意见，善于取人之长，补己之短。

调和人际关系要有策略

> **做人的学问**
>
> 在成大事者的眼中,合作就是一门精深的人际关系学,因为合作,归根到底就是要与人打交道,这就要求在人际关系的处理上要得当。也就是说合作需要良好的人际关系。没有良好的人际关系就不会给合作的习惯打下良好的基础。

人类社会经过千百年的发展,人际关系更被打上了独特的烙印,想在社会中安逸生活,想在社会活动中游刃有余,想在社会发展中出类拔萃,更要营造好一个良好的人际关系,使它在你的事业成功路上助你一臂之力。这是青年人不得不面对的问题。要解决这个问题,首先要认识人与社会的关系。

人际关系在生活和工作中充当着重要角色,起着独特的作用。

现代的心理学家和社会学家已经研究证实,人际关系具有四个方面的作用力。

1. 产生亲和力

在现代社会中,经济迅速发展,各行业各部门之间的竞争非常残酷,单靠一个人的能力是很难取得事业的成功的。必须依靠大家的力量,同心协力,顽强拼搏,才能取得事业的成就和创造灿烂的人生。

可见亲和力对于事业的成功是多么的重要。

2. 相互补充

一个人，纵然是天才，也不是全能的。尼采鼓吹自己万能，结果发疯而死。所以一个人要想完成自己的事业，就必须要利用自己的才智，借助他人的能力和才干。这就要求在事业的征途中，恰当地选择人才。

3. 可以使感情融洽

人是一种不同于其他动物的高级动物，而感情是人类之间交往的基础，人与人之间需要时刻传递友谊，交流感情。

在迈向成功的道路上，一个人孤军奋战，是不行的，他必须联系志同道合的朋友，在成功时，相互交流经验和分享快乐，在失败时，相互倾诉和鼓励，从而取得更加辉煌的事业成就。

青年人要做"有情的领导"，才能够在事业的奋斗中得到更多的收益。

4. 更好地掌握信息交流

现代社会已经进入了信息时代，掌握了信息，就等于掌握了市场，掌握了成功。信息的闭塞，就可能使人贻误战机，遗憾终生。

广泛地结交朋友，妥善地处理人与人之间的关系，就会使你获得不同的信息，你就可能在这些信息的协助下，处于领先地位，取得事业的成功。

良好的人际关系，不仅具有以上几种作用，它更能使人摆脱孤独的窘境，使你左右逢源，从而更好地与他人合作共创你的事业。促使人在事业中左右逢源，走向成功。

因为人都是有感情的，感情的凝聚力是巨大的，人类毕竟是高于其他动物的，善于用"情"来联络会助你一臂之力。

李亚丽是某工厂的一名下岗职工，丈夫所在的工厂也不景气，每月只能发三百元，加上她的下岗补贴，不足四百元，可家里还有两个孩子上学，日子过得非常艰难。

政府为了解决下岗职工再就业的问题，在城区建了一个菜市场，鼓励下岗职工进行自食其力的劳动。

亚丽和丈夫一商量，借了四百块钱，再加上家里仅有的一百块钱，租了一个菜摊，准备卖菜。

夫妻俩说干就干，第二天就把摊支开了，亚丽跑上跑下，抱着批来的蔬菜，就像抱着自己的第一个儿子一样，心里喜滋滋的。

一天下来，算一算账，赚了十二块多，亚丽心里甭提有多高兴了。

然而好景不长。这个位置太偏，人们购菜都不愿跑那么远，于是菜市场就慢慢地冷落了，有时候，一天连一斤菜也卖不出去，亚丽决定第二天就收摊，不再卖菜了。

第二天，快下班的时候，有一个黑黑的中年人，偶尔跑到这里，买了五斤西红柿让亚丽包装好待会儿再来拿。可是亚丽守着摊什么也没卖，一连等了五天，这个人终于来了，亚丽赶忙喊了他，给他西红柿，可一看，西红柿全坏了，于是亚丽拿出口袋里仅有的五元钱，去外边买了五斤西红柿，交给了中年人。

中年人怔怔地看着亚丽和空空的菜摊，好像明白了什么，轻轻地问："这几天你一直在等我？"

亚丽慢慢地点了点头。

中年人略略思索，麻利地掏出笔，唰唰地在纸片上写着，递给亚丽说："我是附近工厂的伙食长，每天都到城里买菜，往后你就照这个单子每天给我厂送菜吧。"

亚丽惊喜地接过纸片。

从此，亚丽每天就按时给工厂送菜，从而摆脱了家中的困境，生活慢慢好起来。

在这个小故事中，亚丽可以说是因祸得福，而她得福的主要原因，还是归功于她的真诚，正是这样才赢得他人的感情，从而使自己走出窘境。

青年人在生活和工作中要注意不断地培养与他人之间的感情，这样才更利于自身的发展。同事关系就是其中最典型的一种，融洽的同事关系，是成功的要素之一。

人际关系的成长是人生中的一件大事。和谐的人际关系，不但有利于事业的发展，还有利于个人的健康。

要搞好人际关系，就要具备一定的素质。

1. 机智，勇敢

机智能使人摆脱尴尬，从而融洽人与人之间的关系，获得广泛的群众基础，是事业成功的一种重要因素。机智是后天培养出来的，青年人只要爱学，善学，一样可以获得。

一家英国电视台的记者采访我国著名作家梁晓声。对方提了一个十分刁钻的问题："没有文化大革命，可能就不会产生你们这一代作家。那么，'文化大革命'在你看来是好还是坏？"

这个问题确实刁，"文化大革命"不是容易说清的问题，说好吧，显然又不好，说不好吧，还有一点难处，况且说不好当时还会影响毛泽东同志的形象，英国记者的用意就想让梁晓声出丑。怎么办？

梁晓声镇定自如，他机智地反问道："没有第二次世界大战，就没有以反映第二次世界大战而著名的作家。那么，你认为第二次世界大战是好还是坏呢？"

英国记者哈哈大笑,与梁晓声握手言和,二人还成了很好的朋友。

机智使人摆脱困境,勇敢使人得到意想不到的收益。

2. 幽默

人们都喜欢幽默的人,因为幽默而产生的成功有千千万万,幽默是一种使人更具魅力的魅力。

幽默首先是一种艺术,是人在生活、交往和斗争中的一种工具,对幽默这一工具的恰当运用,会使你的生活充满活力,使你的交往和谐、自然,更会使你在斗争中智胜一筹,并能够获得友谊。

青年人要学会幽默,从而增加个人的吸引力,使更多的人接近你、理解你,在你遇到困难的时候,他们会毫不犹豫地帮助你,助你成功。

美国的罗斯福总统和英国的丘吉尔首相是二战时两个叱咤风云的人物,在研究如何对付法西斯时,两个伟人会面了。

在会面中,两人详细地谈论了对付日本、德国和意大利的详细计划,但在某些利益分配上,各自为自己的利益着想,不能尽快达成一致协议,二人很是伤脑筋。

一天晚上晚饭后,丘吉尔去拜访罗斯福,丘吉尔没有让工作人员禀告,直接进入了罗斯福的住处,而罗斯福刚刚洗完澡出来,正好一丝不挂地面对丘吉尔,两个人都很尴尬。

罗斯福首先反应过来,哈哈大笑地说:"丘吉尔首相,我罗斯福真是毫无保留地向大英帝国全面开放啊!"

二人都哈哈大笑起来,一场尴尬的场面就这样过去了,二人间由此还结成了深厚的友谊。在此后的日子里,二人各自让步,从双方的利益出发,很快达成了协议,从而为法西斯的灭亡和世界反法西斯斗争的胜利奠定了基础。

在这种尴尬的时候，幽默是最好的中和剂，通过幽默最能建立二人之间的那种亲密无间的友谊。

幽默不仅能让人笑，同时也增加了魅力和风度，也会使你在针锋相对的斗争中，用轻松的心情战胜对手。青年人应该是活泼开朗的，学就用幽默来武装自己，在事业上更会有一种意想不到的收获。

3. 理解

幽默可谓是在紧张中战胜对手的一剂良药，但这些都需要别人理解了其中的含义之后，才能达到目的。人在交际中，一定要学会理解，这样可以减少许多冲突发生。

理解是一种沟通人与人之间差距的桥梁。要想成就一番事业，就必须学会理解，在理解别人的同时，也获得别人的理解，这样就能有效地防止人与人之间尖锐的对立，建立一种相互合作的人际关系，从而找到事业上的好伙伴，好帮手。

"当今，成千上万的推销员拖着沉重的脚步在人行道上踽踽、疲乏、沮丧、收入不高。为什么呢？因为他们只考虑自己的愿望。……如果推销员能够向我们说明他的服务或他的商品能够帮助我们解决问题，那么他用不着宣传，也用不着卖，我们就会向他买。"

卡耐基的这段话向成千上万的推销员说明了一个道理，同时也给了我们一个哲理，自己不理解别人，别人如何来理解你呢？

能理解别人的人，必然在行动上宽宏大量，体贴别人，会赢得更多人的好评，从而树立一个良好的形象。

青年人要成就一番事业，没有支持和帮助是不行的。只有正确认识到这一点，正确认识自己，从自身出发，乐于助人，能与人同甘共苦，这样才有机会赢得别人的帮助与合作，从而来成就事业。

应当牢记的做人之道

要想获得别人的帮助，必须率先做到主动去关心别人、帮助别人。青年人应该向别人学习，学习他们的优秀品质，使自己养成良好的习惯，通过自身努力，营造良好的人际关系，更成功地与他人合作，来完成自己的事业。

用人难不倒有心人

做人的学问

做人难，在于知人难；知人难，在于推举贤才难。因为有贤才的人，在他未成才时，不为人所知，或知之者少，知者如无名无权也推荐不了。如果已锋芒毕露，才华超人，会被嫉贤妒才者所忌，不仅不肯推荐，甚至加以诽谤，诚恐其超过自己，或代己之位，使彼尊贵，自己则卑贱。而有的虽知贤也不愿推荐，这种人认为多一事不如少一事，怕推荐的人如出事累及自己。故世上虽有奇才，愿推荐的少。

因此，荐贤者不仅要有知人之明，还要有荐贤之量，不嫉贤妒才，有为国家荐贤的至公之心，所以说，能荐贤才的人其本人就是贤才。历史事实说明：正因有推荐贤才的贤才，才能出现不少闻名于世的大才，这些大才也与推荐他们的贤才的大名共同垂誉于史册。

《宋史·程元凤传》记载：宋度宗时，程元凤任太子少保、观文殿大学士，他荐举人才，不徇私情。有世交之子来求升官，元凤谢绝，其人累次来请求，言及先世之情，元凤说："先公畴昔相荐者，以某粗知恬退故也。今子所求躐次，岂先大夫意哉？矧以国家官爵报私恩，某所不敢。"可是，有人尝被元凤弹劾，后见他改过，而其才可用，便推荐之，元凤说："前日之弹劾，成其才也；今日擢用，尽其力也。"

元凤选拔人才是坚持原则的，不应提升的，即使是有恩于己的人的儿子，也不提升，正如他所说不能"以国家官爵报私恩"。而对曾被他弹劾的人，因其改过而才可用，就推荐提升，正如他所说："前日之弹劾，成其才也；今日擢用，尽其力也。"细味元凤言行，值得借鉴的有三：一、推荐和使用官吏，元凤都是出于为国的公心，不存在任何私人的成见。二、弹劾人是为保护人才，是不使其人走上邪道，使其回到正路，促其成才。三、辩证地看人。对官吏有错误则弹劾，不使其有害于国家；改正了错误，其才可用，则擢升，使为国尽其才能。元凤如此为国保护推荐人才，只有大公无私的人才能做到。

能否辨伪，与能否知人用人大有关系，崔群向唐宪宗提出要辨伪必须"纠之以法"，这是很有见地的主张。事见《旧唐书·宪宗本纪》：

唐宪宗对宰臣说："听受之间，大是难事。推诚选任，所谓委寄，必合尽心；及至所行，临事不无偏党，朕临御已来，岁月斯久，虽不明不敏，然渐见物情，每于行为，务欲评审，比令学士，集前代昧政之事，为《辨谤略》，每欲披阅，以为鉴诫耳。"崔群说："无情曲直，辨之至易；稍有欺诈，审之实难。故孔子有众好众恶之论，浸润肤受之说，盖以暧昧难辨故也。若择贤而任之，待之以诚，纠之以法，则人自归公，孰敢行伪？陛下详观载籍，以广聪明，实天下幸甚！"

唐宪宗对下属进言，认真评审其是非，但有时要辨别进言者说的善恶真伪，感到是大难事。因此，他令学士总结前代关于这方面的经验教训，写成《辨谤略》，作为鉴诫。崔群说唐宪宗以史为鉴，是可增广聪明的，但事属暧昧。一时是难于辨别的，故孔子有众好众恶以分善恶之论。而崔群提出的意见，比之孔子所说更能解决问题，即"择贤而任之，待之以诚，纠之以法，则人自归公，孰敢行伪"。这就是以诚待贤，如果行伪作恶，则以法处理，这样做，官必奉公守法，不敢作伪为非了。

崔群在宪宗时，官至中书侍郎，同中书门下平章事，参预朝政。穆宗继位，因他拥护穆宗储位，故甚得信任，任检校左仆射兼吏部尚书。他为人清正，时称贤相。

左仆射王起频主持贡举工作，每次贡院考试完毕，都将录取的名单呈给宰相最后定夺。由于录取的人不多，宰相廷英说："主司试艺，不合取宰相与夺。比来贡举艰难，放人绝少，恐非弘访之道。"唐武宗说："贡院不会我意。不放子弟，即太过，无论子弟、寒门但取'实艺'耳。"

由于职权和取才原则没有明确规定，所以主持取才工作的王起频心中无数，恐取士有失，故呈宰相最后决定。对此，宰相廷英提出两点意见：一是录取的士人不必呈给宰相决定，二是录取的人太少了，不利于广招人才。对此，唐武宗确定了取士的原则：取士要取有"实艺"的，即有真才实学的人，不论他是贵族子弟或出身于寒门。

唐武宗确定取才的原则，负责取才者就可有所遵循。但有了原则还不能保证所取的是有"实艺"的，还要有具体的办法，不然，原则是难于贯彻执行的，有可能落于空谈。

应当牢记的做人之道

用人之难是人人皆知的，但是难不倒有心人。对于那些精于做人之道的人，一定是在用人上用足了劲。

巧借人力打天下

做人的学问

一个人的奋斗不是单打独斗，要学会借力发挥。为什么？可以这样来看这个问题：徒步人生丛林，你不禁感到，人生充满了艰辛与困苦，光靠一个人的努力有时未免显得有些孤单，因此，如果你能够为自己找到一座靠山，并倚仗其优势，加上自己的努力，相信你一定能取得功。

为自己找到一棵可乘凉之树，这样可以让你避免很多不必要的摸索与碰撞。当然，如果你本身天资过人，勤奋有加，那你可以说，我不必依靠他人，我要靠自己的努力来获得成功，这当然是最好的了，你也不必靠这种方法来获得成功。倘若你自认本领不强，同时也想减少挫折，那不妨找棵树靠靠，靠久了自然能够出头。很多政界、演艺界的人士都是如此。

不过，要找到一棵可乘凉的大树，并不是短短几天就能够做到的，而需要一段时间，因为你看上了某位可能是你的靠山，对方不一定愿意提拔你、照顾你，你必须在和他共事往来之间，让他了解你的能力、上进心、人格、家世和忠诚度，也就是说，要他能够信赖你！这就需要一个过程，而这一过程可能需要半年、一年，也有可能是二年、三年，而你不仅要好好表现，也要应付他对你的考验！

还有一种情况，如果有一日你和你的靠山分开了，这时你要和他保持联系，如果他一时境遇不佳，你也应及时关心相助，否则你和他的关系就会中断。如果你漠不关心，那他一定会感慨当时错看了你。当他"复出"时，有好的机会也不一定会想到你！不过，你在选定靠山之前，要考虑一个问题：什么样的人才是你的靠山，这可能是最重要的问题。以下几个方面可供你参考：

1. 有家世背景的人。不过这种人中平常就有很多人喜欢自愿助人，你的表现也许他不一定看得上，除非你在某些方面令他特别喜欢你。不过，家世背景不一定保证他一辈子风光，如果他品行不正、能力不行，那么跟这种人相处也不长远！

2. 功成名就之人。这种人和前者一样，除非你有特别的表现，或者你的某些长处正好被人看中，否则你再怎么"跟"，他还是看不见你！

3. 有能力有潜力之人。这种人可能是最好跟随之人,他们是一种"潜力股",一时看不出效益,如果长期做下去必有收获。但有能力有潜力的人也不一定最终飞黄腾达,人的机遇是很难说的,所以你要无怨无悔地跟!

应当牢记的做人之道

从今天开始,好好寻找一位依靠,找到一棵树乘乘凉。不过你们之间最好能从利益相关的层次逐步提升到情感和道义的层次,这样你们的关系才能长久。最后要提醒你的是,当你找到自己的"依靠"后,不能完全倚仗他人来生活,你还得更加努力,只是利用一下他人给你提供的条件罢了。

用能人不用完人

做人的学问

善于做人者懂得用能人不用完人之道。人们常说一个成功的领导能够"知人善任"。在用人时,发挥他的特长,避免他的短处,做到人尽其才。如果一个人因为有缺点而不任用,那么,不仅这是自己的损失,有时还会带来威胁。尤其在人才竞争的时代,放走了一个英才,就等于为对手增加了一份力量。

俗话说："金无足赤，人无完人"。如果领导只盯着下属的缺点，死死抓住人家的小辫子不放，那么就只好无人可用了。其实，下属有"小辫子"攥在你手时若能委以重任，他便会知恩图报，这样更便于操纵利用。

汉代政治家贾谊说："大人物都不拘细节，从而才能成就大事业。"孟尝君的门客中都是些"鸡鸣狗盗"之徒。然而这些流氓无赖都有一技之长，大可运筹帷幄，小可危难救人。而一些真正的君子，充其量只是一种榜样和号召，实际办事能力往往较差。

子思住在卫国时，向卫君推荐苟奕说："他的才能可以带五百辆战车打仗，可任为军队的统帅，如果得到这个人就会无敌于天下。"卫君说："我知道他的才干可以胜任大将，但他在当小官的时候，去老百姓家里收租，吃过人家两个鸡蛋，所以不能用他。"子思说："英明的人选用人才，就好比高明的木匠选用木材。用它可用的部分，抛开它不可用的部分。现在您处在各国纷争的时代，大规模选择很多有用的人才，而因为两个鸡蛋这种小事就不用栋梁之材，这种事千万不要让邻国知道了！"卫君觉得子思的话不错，反复向子思道谢，并说："我一定接受你的教导。"

西汉人陈平，家里很穷，但他从小就喜欢读书。村里举行社典，陈平帮助屠户分肉，分得很公平。乡亲们说："不错。姓陈的小子将来能当个好屠户。"陈平说："唉，要让我宰割天下，天下也会像这肉一样处理得很好。"

陈平起初为魏王做事，因为有错而不受重用，离开后又为项羽所用，结果犯了罪，跑掉了。通过魏无知介绍见到汉王刘邦。汉王任命他为都尉。周勃对汉王说："我听说陈平在家时曾经与嫂子有不正当关系，跑到魏王那里，魏王不能容他；跑到西楚王项羽那里，项羽也不能容他。现在又跑到我们这里来了。这样一个反复无常的人，你竟然也重用他，还请仔细考虑一下吧。"汉王因而责怪魏无知。魏无知说："我说他行是指他的才能，您要了解他的品行。现在如果有像居生那样讲信义、像孝已那样有德行的人，但对你的事业没有什么帮助，您怎么去用他们呢？"汉王点头称是，又任命陈平为护军中尉，各路将领都受他监护，将领们不敢再说什么了。陈平后来献出几条妙计：拿金子反间楚国；换饭招待楚国使者；请求假装游云梦；拿美女献给单于，解了平城之围；轻手轻脚在耳边说话，晚上放出美女二千，让楚军去围攻，使刘邦得以逃生。这些计谋都不是正人君子能想出来的，从道德标准来评价也是很卑劣的，但双方交战时，"兵不厌诈"，是不能用道德标准来评价的，所要的只是结果。况且刘邦也是个缺点遍身的无赖，自然这些计谋正合了他的口味。结果这些计谋无不成功，帮助刘邦打下了天下，平定了内乱，立下了汗马功劳，后被封为右丞相。

知人善用是一种领导艺术。古人知道用人不求全责备，论大功不寻小过的道理。刘邦本人是个无赖，他所用的人大都是负有恶名，但都有一技之长，合起来就是一个整体，无往而不胜。刘邦用人只求独当一面而不要求文武齐备，这就是刘邦能得天下的原因吧。

凡是有才能的人，往往恃才放旷，狂傲不羁，"自古才子多风流"。所以用人之道，贵在不拘一格，用我所用不计其他，才能人尽其才，发挥最大的效用。

战国时期的苏秦，是我国古代有名的纵横家，他靠着三寸不烂之舌周游列国，游说诸侯，合纵抗秦，深受燕王器重。有一次，苏秦奉命出使齐国，有人乘机在燕王面前诋毁苏秦，说："苏秦是个左右摇摆，叛卖国家，反复无常的人，现在，他快要作乱了。"果然，燕王听信了谗言，等到苏秦完成外交使命返回燕国后，燕王便将他免职了。

苏秦知道有人在燕王面前说了自己的坏话，于是要求会见燕王，对燕王说："我本是东周一个鄙陋的人，没有半点儿功绩，但是大王您亲自在庙堂上为我封官职，并在朝廷上以礼相待。现在我替你说退了齐国的军队，并收回了十座城池，照理说，您对我应当更加亲近。而今，我回到燕国，而您却将我贬职为民，这里边定有原因，必定是有人用对君主不忠做罪名，在您面前中伤了我。其实，我的不忠，这恰恰是您的福分。我听说，忠实诚信的人，处处都是给自己做打算的；讲求进取但有某些不忠实行为的人，却处处都是替别人打算。况且，我游说齐王，也不曾欺骗他。我把年老的母亲留在东周，本来就是为了抛弃为个人谋利益的打算，一心帮助别人求进取。假如现在有这么三个人：一个孝顺像曾参，一个廉洁像伯夷，一个忠信像居生，并且，能够找到这么三个人来侍奉您，您以为怎么样？"

燕王说："足够了。"

苏秦说："像曾参一样孝顺，坚实礼仪，连离开他的父母在外面住宿一夜也不肯，您又怎么能够让他步行千里，而替弱小燕国处在危困中的君主效劳呢？像伯夷一样廉洁，坚守信义，不愿做孤竹君继承人，也不肯做武王的臣子而饿死在首阳山上，廉洁到这种地步，您又怎么能指望他到齐国去干一番有所进取的事业呢？像居生一样坚守信义，和女子约好在桥下相会，由于女子不来，哪怕洪水来了也不肯离开，终于抱着柱子让水淹死，守信到这种程度，您又怎么能让他去用假话说退齐国的强兵呢？我正是因为没有像他们那样死板，所以才得罪了大王。"

燕王听后，终于明白了其中的道理，马上给苏秦官复原职，重新予以重用。苏秦的话似乎说明了这样一个道理：做大事的人一般不拘小节，太死板的人一般成不了大事。

应当牢记的做人之道

每个人都有优点和缺点，用其之长，则为正确的用人方法，反之则是不善用人。用人之长，就是用其所能，而不是用其所全。

识人用人之道最难

做人的学问

为政之道，在于得人才。得人才，固非一朝一夕所能造就。乾隆则认为："识人用人之道最难"，这不是说他不会用人，而是说识人之难，因为要看准一个人、用好一个人等于事业取胜了一半。

清朝历代皇帝都说，治国要务莫过于得人，而乾隆大帝欲以文治武功而使大清强盛,自然更是要借助于人才才能得以实现。事实上,对于任何一个统治者而言,要推行新政,辉煌大业,都必须有一批能人志士来助其成功。如刘备有诸葛孔明、张飞、关羽,刘邦有张良、萧何、韩信,李世民更有魏征、房玄龄、李靖辅佐,才得以成就大业。

作为一代明君,乾隆也非常重视人才和人才的培养,但是乾隆又是一个从不放权于臣的独裁之君。乾隆自己说:"我朝列圣祖承,乾纲独揽,百数十年以来,大学士中岂无一二行私者,总未至擅权枉法,能移主柄也。"正是这种"太阿在握,威柄不移"的施政手段,乾隆才保证使大清国驶于全盛之途,只是个人的能力毕竟有限,要管亿万人民,他还得靠其他臣子。

乾隆非常重视人治,在"用人"与"行政"问题上认为"用人"更为重要,即是指国家制定的法律是用之于民的,地方的政绩如何,多在于官吏如何,得到人才则得法,利用庸人则乱政。

纵观乾隆时期的用人,其中不乏贤臣能人为大清兴盛立下了汗马功劳。而乾隆的用人方略也功不可没。乾隆大帝执政前期,朝中只有雍正帝留下来的遗老遗少,像张廷玉、鄂尔泰等人。为了改变这一状况,迅速培植自己的信臣,乾隆不拘一格,特殊提拔了年轻的讷亲、傅恒等官僚取代了张、鄂等老臣。这正好与乾隆初政时调整政策、开拓进取、急于建立自己的功绩相迎合,而他所启用的年轻人也正是急功近名之士,正是依靠这些年轻有为,追求功名的人才,乾隆才逐步开创了繁荣的局面。

乾隆鼓励中央和地方官员密折保举,他曾下令要求:"在京官大学士以下、三品京堂以上,各将平日深知灼见之人,品行端正而才可办事者，不拘品级资格，或现任职官或放废闲员，俱准据实保举，密封奏闻，候朕酌量选用。"

乾隆六年（1741年），乾隆大帝还对密荐"守身方正办事诚实"人才的江苏巡抚徐士林予以表彰。还说："为国求贤乃人臣要务。"但他坚决反对用无德之人。他要求高级官吏保荐人才，"当引见时，其人未必遽见出色，但人之材具不齐，或非可一览而尽。在督抚等试看有年，自必知之甚悉，此内如有真知灼见，信其可胜知府之任者，不妨声明，仍列荐刻，以付奖掖人才之意。"又说："三年大计之外，别令各督密奏属员贤否，……此等清折，朕皆留中，时时披览。"

乾隆十一年（1746年），乾隆皇帝谕令大臣们可保举胜任尚书、巡抚、侍郎之人，因为在清官制中，尚书属一品，而侍郎和巡抚属二品，职高任重，人才很难得，所以乾隆大帝才下此谕求才。可惜有的大臣并没把此当成事，反倒认为机会难得，赶紧趁此机"滥举非人"以讨个人心，落个人情，于是，纷纷上书举荐。大学士陈世倌保举了十个人，赵宏恩也保举十人，而史贻直一个人竟荐举了十四个人，其他的大臣们也如此效仿。

如此一来，国中似有无数贤人能士，称得上是人才济济了，乾隆对此一是高兴，二是感觉其中定有隐情。为此，乾隆采取了"精挑细选，各个好汉"这一才智。他虽爱才，但不偏信人言。经过一段时间之后，他亲自指出了这些被举荐人中的滥竽充数之人，并训了举荐大臣一番。大学士查郎阿保举德龄时，说他能胜任尚书一职，但事实上德龄却是一个嗜酒如命之徒，终日饮酒为乐。为此乾隆把他调至护军统领，而德龄却不懂带兵之术，又让他任工部侍郎，照旧每日嗜酒。大学士史贻直举荐吴应枚为侍郎，而此人在担任奉天府尹时庸碌无能，办事草率。盛安保荐金溶做侍郎，而金溶在当御史时就曾被免职，被乾隆又一次任用后，仍毫无业绩。

举荐人才本应以政绩为主，而大臣们却推举一些碌碌之辈来滥竽充数，着实让乾隆气不打一处来。

一次，贵州总督张广泗向乾隆推荐说，云南迤东道员王廷琬有才有能，可以任用，而乾隆一了解就发现王廷琬曾因贪污而被革过职，并且从档案中还了解到王廷琬在任职期间收散铜归为己有，数量较大，还应判处重罪，只是因乾隆登基大赦而脱了罪责，另外，他已被予以"永不叙用"的处分。乾隆知道了这些，十分生气，他一方面下令让吏部拒绝用王廷琬，亲自写谕，训斥了张广泗这种不负责任的行为。

还有陕西巡抚陈宏谋，在荐举属官王乔林的评语中写道："淡泊自甘，意念中常存民物；风力素著，严正内还寓慈祥。"乾隆看后又亲自调来王乔林的档案阅看，结果竟发现他在江南镇江府内，以错拟罪名曾被革职，后来在西安任知府时，又因滥用刑罚而被革职。看完这些，乾隆忍不住提笔讽刺陈宏谋说："天下焉有存心慈祥之人，而错拟罪名滥用刑若乎？可将此询问陈宏谋，令其回奏。"这样一来，可给举荐官吏的大臣们提了个醒：乾隆皇帝岂是盲听众言之人，再这样以言蒙上，我便对不起了。

不偏信荐官之言，是乾隆为选好国家栋梁之材，禁止大臣以权谋私的防患之法，对选优汰劣有极大的作用。

应当牢记的做人之道

尽管识人用人之道很难,但是不能说就可以回避这个问题。因此,只要你有心,就能发现自己的可用之人。但是有些人在人才面前,缺乏识辨力,这是令人遗憾的。

第二部分 做业之略

一步一步打开人生局面

> **做业的学问**
>
> 一个人精通做业之术是为了打开自己的人生局面。一个出色的成大事者,必须要有良好的自身素养,才能一步一步地打开人生局面。

怎样做呢?我们建议你以下面4点为突破点训练自己的素养:

1. 乐于冒险

成大事者往往具有超常的心理素质,这使得他们敢于冒险,乐于冒险。即使面对最糟的情况,他们也能充满勇气,昂然前行。

有一家小公司,多年来都想得到美国陆军防毒面具的制造合同,但早有一家比它大五十倍的大公司全部揽下了这笔生意。这家大公司有几百位工程师,而这家小公司只有五位。35年来,陆军的防毒面具几乎全是由这家大公司承制,在以往,这家小公司从未得到过这类合约。

但是这位小公司的经理却坚信他的公司有能力接下这笔生意。他愿意以他的名誉、公司资源和其他的工作机会做赌注，来争取为陆军生产两百万具防毒面具的合约。这家小公司以前接过的最大一笔合约，金额也没有超过20万。他说服了公司总裁，更重要的是，他说服了那五位工程师。

他们阅读了所有能找得到的有关防毒面具的资料；他们整整辛苦了30天，然后向陆军提出承制的申请，申请书也是尽可能保证完备。

虽然经过了大量的准备，这家小公司仍然没能获得合约，但是，那家大公司也同样没能争取到这个机会。由于预算的关系，陆军方面决定将这项采购延后一年。两家公司都有机会再做研究，并提出新的申请。

这样一来表示赌注又要增加。两公司都得在这项计划上投下更多的资金和资源——结果只有一家能赢得合约。显然，大公司的胜算要大得多，但是这家小公司的领导人还是决定冒这场险。他要求工程人员加倍努力，而这些工程师即使在过去曾有所怀疑，如今却也是信心十足。

一年以后，他们重新提出申请，最后赢得了合约。单只这项合约，就使他们公司的营业额每年达到数百万美元。获胜的主要原因是他们有一位敢于冒险的领导者。

因此，人们常说："没有痛苦，就没有收获。"就像中国有古话所谈到的"不入虎穴，焉得虎子"。行事之前考虑一下发生的最糟情况是什么，然后鼓起勇气前行，风雨之后，必见彩虹。

记住：假若你敢冒险，最后你一定会成功，乌龟要想前进也须将头伸出来。假如你自己不是个成大事者，在前进时也必须昂首挺胸，勇往直前。

2. 创新精神

第一次世界大战期间，道格拉斯·麦克阿瑟将军还是一位38岁的准将，刚到法国就任一个美国步兵旅的旅长。他和部队共同生活在战壕里，每次攻击都身先士卒。

有一次他对属下一位营长说："少校，当攻击信号发出时，我希望您亲自带头，走在部队的前面。"

说到这里他停了一下，接着又说："如果您能够做到这一点，你这个营会跟着你前进，你就会得到'卓越服务奖章'，而且我会看着您得到。"

然后他又对这位营长说："我知道你会这样做的，现在你就已经得到了这枚奖章了。"

说完，麦克阿瑟就将自己军服上的"卓越服务奖章"取下来，佩戴在这位营长胸前。

现在你想一想：一旦攻击信号发出时，这位营长会怎样做呢？你一定知道的，这位出色的营长虽然没能得到由国家颁发的奖章，但他骄傲地佩戴在麦克阿瑟的奖章，走在部队的最前面，正如麦克阿瑟所预料的，整个营都争先恐后地跟着他攻击，结果是成功地攻克了目标。

到一个目的地绝不会只有一条路，行动之前不妨看看有没有新的路线，或许它就是一条捷径。

3. 主动负责

成大事者通常都具有一个相同的可贵品质：强烈的责任感。因此，如果你想领导好你的部下，你就必须对他们负责。

在美国南北战争中，北军的尤里西斯·格兰特将军在唐尼尔森战役中首次指挥海陆两栖作战。在这项作战计划还未执行前，上级要他去参加一项会议，在他离开的这段时间，战争已经开始。

正如作战经常会发生的情形一样，这项作战未能按计划进行，中间有着很多意外和错误发生。北军海上攻击遭到击退；南军攻击格兰特的右翼，北军节节败退。当北军右翼快崩溃时，格兰特抵达了前线。

危急之中，他并没有胡乱地指责他的部下。他只是抽出指挥刀，骑着马在前线来回奔跑，向部队大声喊着说："赶快将弹药装上；敌人正在企图逃跑，我们绝不能让他跑掉。"

部队真的照他的话做了。在格兰特的指挥下，北军又重振士气，赢得了这场战役。

不负责任的人，绝不会成为好的成大事者。当然负责任不仅仅表现在口头上，你不能总是叫嚷着："我是你们的领导者。"你得用行动来表达你的责任心，就像格兰特一样。

4. 有远大目标

胸怀远大的目标，对一个成大事者来说是必不可少的。

大卫·琼斯将军有着辉煌的军旅业绩，曾担任过空军参谋长，后又成为联席会议主席。他对领导又有什么看法呢？

琼斯将军举了另一位空军参谋长寇提斯·李梅将军的例子。李梅将军将战略空军发展成主要的武力。他说："李梅将军为战略空军设定一个非常高的标准，然后坚持每个人都符合这个标准。李梅将军说，战略空军有一半的人员，要保持立即作战状态。有人说这根本做不到，但战略空军做到了。在李梅将军的领导下，安全措施、任务执行和战略都达到前所未有的标准。"

订立一个远大目标，努力去做，你会取得成功，请看下面一个例子。

约翰·史考利38岁时就成了百事可乐公司历史上最年轻的总裁，短短时间就取得了巨大的成就。但他不满足于此，他又转到苹果电脑公司，希望在那儿也能铸就辉煌。到了苹果电脑公司，史考利刚上任就遭遇到很多困难，其中最严重的就是夺去了兄弟提芬·杰伯（苹果电脑的创始者之一）的权力。史考利拟定了一些新策略，积极推行桌面出版的观念，并推动销售人员积极推销麦金塔电脑。这样一来，销售量大增，而公司也就开始赚钱。

那么，他是如何使他的推销人员在业务上做得如此成功呢？他在《奥德赛》这本自传体的书中记载得很清楚。他说："我们必须提高卓越的标准，而我也要提高对积压位的期望。在上个月我们的麦金塔电脑销路已好转，但现在还不是放松的时候。"

假若你所定的期望值越高，你的成就往往也就会越大。因此，你要成大事，必须抱有更高的期望，这是你取得更大成就的动力。

应当牢记的做业之略

对于许多想做业的人来说，一步一步推开成功之门，是最理想的结果。要想如此，自然是对自己综合能力的考验。因此所谓做业，即是一个人能力的全面爆发。

以不变应万变

> **做业的学问**
>
> 与"不可行则变"的做业术相反,"以不变应万变"则为另一种做业术,它强调的是以静待动,等到时机成熟之后再还凶猛出手。这是一种非常行之有效的做业之术。

临事不乱,沉着应变,处置得宜,以防乱生,古代帝王精通权数,善于应变,代不乏人,但妇女精于此道者,也大有人在,如金时郑氏者即是善于应变者。

金朝末年,蒙古军时犯金境,不断取得胜利。金军阵地连连失守,战线节节败退。金宣宗只得向蒙古求和,但是蒙古兵的进攻并没有停止,与此同时,金宣宗遣军进攻宋国,结果也以失败而告终。金朝两面受夹,形势不利。

可是,偏在此时宣宗病重,卧床不起,朝内大事,乱作一团。人心不安,政局不稳,特别是他的长子完颜守纯,一直内心怀怨。按理,他是长子,应该立为皇太子,他应该继承皇位。可是实际上,宣宗却于1216年立第三子完颜守绪为皇太子。当时,完颜守绪18岁。为这件事,长子完颜守纯和三子完颜守绪之间不和,守纯的母亲贵妃庞氏和前朝资明夫人郑氏之间也不和。现在,宣宗病重,对守纯和庞夫人来说,正是兴兵举事、以乱取胜、夺取政权的好机会。他们憎恨皇上将皇位传给守绪，巴不得皇上快死。

宣宗病重期间，宫中人都很焦急，大家经常来探望。郑夫人年岁已高，但稳健沉着，整日侍护在宣宗室内，深得宣宗信赖。一日暮夜，来探望的大臣们都离去了，只有郑夫人留在室内，看护着宣宗。不一会儿，宣宗自知不妙，便对郑夫人说："速召太子，举后事！"郑夫人连连点头。宣宗说完便不省人事，很快就离开了人世。郑夫人很镇静，只流了几滴眼泪，并没有放声大哭，也没有大声呼唤他人。她有自己的考虑：宣宗既死不能复生，哭也没有用；守纯守位都是宣宗的儿子，过早地让他们知道宣宗逝世的信息，他们肯定为争夺皇位而发生政变，况且，守纯守绪之心，已有所知。宫中内乱将必不可免。国家正处在危急时刻，宫中再起内乱，那江山必败无疑。所以，当务之急是要稳住宫中，稳定人心。其主要办法便是确保守绪的皇位，杜绝守纯的叛乱。

于是，郑夫人便装得若无其事，将宣宗去世的消息封锁起来。夜里，皇后及贵妃庞氏一起来寝阁问安。郑夫人冷静沉着，便灵机一动对庞氏说："皇上正在更衣，不便进去。后妃不如先在外室小憩等候。"庞氏信以为真，便走进了外间。郑氏夫人立即将外间门锁上。庞氏恍然大悟，知道上当，但悔之晚矣。郑夫人立即召集大臣，宣布皇上驾崩的消息，宣告皇帝遗诏，立皇太子守绪。大臣知道皇上去世，心情沉重，但知道诏立守绪皇太子，心情又觉舒坦，便纷纷告退。这时，郑夫人才用钥匙打开外间门，放出庞氏。庞氏气愤之至，但大局已定，她已无能为力了。

太子闻讯刚入宫时，但守纯却已先到。守绪怕有他变，便先发制人，先下手把守纯看管起来，不让他随便行动。守纯本想等守绪进宫后行刺举事，没想到守绪却先行一步，使其计划全部破产。庞氏和守纯被抓禁，其他的人再也不敢乱动了。一场将要爆发的内乱，在郑夫人的机智应变之下，巧妙地平息了。完颜守绪正式成了金朝的最后一个皇帝，是年1223年。他在位十一年，指挥作战，打了不少胜仗，但1232年大败于蒙古军，1234年自缢而死，金朝就此灭亡了。谥号金哀宗。

所谓以不变应万变，即遇非常之事要善于冷静处理，权衡利弊不能感情用事，招致被动。此处亦以妇人之例说明。

唐朝末年，黄巢起义声势浩大，不久便入据长安，唐朝政权岌岌可危。沙陀部队李克用因一目失明，时人称为"独眼龙"。他与其父朱邪赤心（因他镇压起义有功，被赐姓李，名国昌）一起，参与镇压黄巢起义。公元884年，他引军渡河，大败黄巢军于中牟（今河南中牟），使起义军从此一蹶不振。后来便长期割据河东，与占据汴州（今河南开封市）的朱全忠对峙，连年战争。死后，其子李存勖建后唐，尊他为太祖。李克用的夫人刘氏，是一位有智有谋的巾帼英雄，不是等闲之辈。可以说，李克用的成功，得力于他夫人刘氏的帮助。

李克用奉命带兵讨伐叛逆者，以救东路诸侯。正当李克用整装待发之时，朱全忠与杨彦洪共同谋变，倒戈攻击李克用。李克用措手不及，便仓皇逃去，心里好不自在，气得发狂。朱全忠很狡诈（后梁的创立者），眼看李克用逃去，谋杀不成，便灵机一动，将杨彦洪射杀，掩人耳目，隐藏自己叛变的真面目。但李克用并没有改变看法，他边逃跑边咒骂朱全忠，发誓要亲手杀了朱全忠。

李克用部下有人逃回，禀报李克用妻子刘氏夫人。刘夫人听了心里很是震惊，但她表面上却很镇静，神色不动，若无其事，并下令将那报告朱全忠叛变的人立即斩杀。她想，让更多的人知道此事，府内肯定乱作一团，说不定还会有人响应举兵叛变，那样，情况更糟，局面就没法收拾了。所以，自己不能惊慌，不能失去信心和自制，同时要封锁消息，要保持府中原有的安静。报信的人是信息源，当然应该将他们斩杀。不久，李克用怒发冲冠地回来了，刘夫人仍保持镇静。李克用发誓再集中兵力，讨伐朱全忠，以解心恨。可是，刘夫人却不同意，她说："你此次带兵伐叛是为国讨贼，以救东路诸侯之急，并不是为了你个人的怨仇。现在，汴州人朱全忠叛变要谋害你，你当然很气愤，我也十分生气。我也觉得他该伐该杀。可是，如果你真的带兵去攻伐他，你的任务就完成不了，而且也改变了事情的性质，变国家大事为个人怨仇小事。我认为，朱全忠叛变的事，你应该上诉朝廷。由朝廷兴兵讨伐他，岂不是更好？"李克用听了夫人这番话，茅塞顿开，怒火顿消，便听从了夫人的意见，不再结兵攻朱全忠了。但他还是给朱全忠写了封信，责备他谋变不道。可朱全忠却回信说："前夕之变，我并不知道，朝廷曾派使者来与杨彦洪共同谋事，必是他图谋不轨，发动兵变。现在，杨彦洪已经伏法，死有余辜，请你谅察。"把自己的责任推卸得一干二净。

刘氏夫人对这件事的处理是很有分寸的，有理有节，以大局为重，果断应变，沉着不慌。倘若李克用不听刘氏夫人的话，或者刘氏夫人不贤惠，怂恿李克用发兵讨朱全忠，其结果如何，谁胜谁负、谁是谁非也就很难说了。

应当牢记的做业之略

可见，以不变应万变的做业术，同样能够化被动为主动，把难以办成的事办成。表面看，这种做业术非同寻常，实则暗含功夫。

想点子提高自己的知名度

> **做业的学问**
>
> 做业的智慧之一是想点子提高自己的知名度。我们知道，一个人知名度高，就可以拓宽交际面，获得更多的朋友。一般说来，人皆慕名前来，知人而交，也就是事先获得了有关人员的信息，然后根据信息有目的地去交际。知名度高，意味着有较多的人知道你，较多的人愿意和你交际。

我们常常听到这样的话：

"您的大名我早就听说了，今日有幸相见，极为高兴。"

多一个朋友、多一个熟人，意味着多了一条成功之路，多一个伙伴和帮手，对竞争事业极为有利。相反，那些默默无闻，鲜为人知的人，很难交上更多的朋友，成功的路就比较狭窄。

知名度高，可以经常扩大自己的知识面，增添新的信息。学而无友，则孤陋寡闻；学而多友，信息日新。每一个朋友，都是一个信息源。如果竞争者注意经常收集众多信息源发出的信息,那就有了"千里眼"、"顺风耳",得到别人所不能得到的东西。

提高知名度的一个主要办法是开展全、多侧面的外交,通过交际和游说,使人对自己由不知到知,由知之不多到知之较多。在我国先秦时期,这类成功的范例特别多。许多名不不见经传的一介布衣,靠游说和交际,一转而为卿相,成为万人共仰、炙手可热的人物。《战国策》记载了一个栩栩如生的人物——苏秦。苏秦出身于农民家庭,很贫穷,达官贵人们并不知道他是何许人也。但在秦国虎视中原、六国共同利益和秦国一国利益发生矛盾的情况下,他挺身游说六国,合纵御秦。他最先取得赵国国王的信任,被封为相,随后又游说其他五国,一同抗秦,"山东之国,从风而服","廷说诸侯之王,杜左右之口,天下莫之能抗","一怒而诸侯惧,安居则天下息"。

知名度的提高,最根本的办法是取得显著的成绩。实绩是提高知名度的最有效武器。尽管一个人默默无闻、众所未知,但他做出了举世公认的成绩,创造了无可怀疑的劳动成果,那么,他的知名度也就提高了。

据载,三国时期,庞统前去投奔刘备,刘备以貌取人,见他形体丑陋,以为一定没有什么才能,便让庞统到耒阳县做县令。庞统到了耒阳县以后,终日饮酒,不治政事。刘备知道了这个消息之后,便派张飞到耒阳去巡查。张飞到了耒阳,发现县里的公务积压了一大堆,不禁大怒,对庞统说:"我哥哥看你是个人才,让你做县宰,你为什么把县里的事务都荒废了呢?"庞统听了,微笑着说:"区区小县,有什么难办的事!"就命令手下的官吏把简牍文书全部抱到堂上,庞统在堂上耳听口判,曲直分明,积压了一百多天的文书,不一会儿就处理完毕。这时,庞统把笔扔在地上，问张飞说："我究竟荒废了主公什么事情呢？"张飞大吃一惊，马上起身回到荆州向刘备汇报。这时，刘备方知道庞统是个很有才能的人。庞统以实绩提高了自己的知名度，后来，做了军师中郎将。

应当牢记的做业之略

在某种程度上，做业即做人气，人气越旺，成功的概率就越高。有些人常忽视这一点，可谓浮浅之举。

让人看不到你的真喜真怒，深藏不露

做业的学问

做业的奥妙是隐蔽自己的真相，深藏不露。何以见得呢？无论何人，只要在社会上摸爬滚打过一段时间，便多多少少练就了察言观色的本事，他们会根据你的喜怒哀乐来调整和你相处的方式，并进而顺着你的喜怒哀乐来为自己谋取利益。你也会在不知不觉中，意志受到了别人的掌控。如果你的喜怒哀乐表达失当，有时会招来无端之祸。因此，高明的成大事者一般都不随便表现这些情绪，以免被人看破弱点，予人以可乘之机。越是精于权术的人，城府便越深。

事实上，喜怒哀乐是人的基本情绪，这世界上应该没有这种人——心如止水，没有喜怒哀乐吧？如果有的话，只能是"植物人"。

没有喜怒哀乐，这种人其实很可怕，因为你不知道他对某件事的反应、对某个人的观感，让人面对他时，有不知如何应对的慌乱。

其实，没有喜怒哀乐的人并不存在，他们只是不把喜怒哀乐表现在脸上罢了。而在人际交往中，做到这一点是很重要的。所以，要把喜怒哀乐藏在口袋里，别轻易拿出来给别人看。

在官场上，不轻易表露自己的观点、见解和喜怒哀乐，被称为"深藏不露"，这是上司用以控制下属的一种重要方法。聪明的当权者一般都喜欢把自己的思想感情隐藏起来，不让别人窥出自己的底细和实力，这样部下就难以钻空子了，就会对上司感到神秘莫测，就会产生畏惧感，也容易暴露自己的真实面目。上司如同在暗处，下属如同在明处，控制起来就比较容易了。

唐代奸相李林甫口蜜腹剑，惯于隐藏自己的真实意图，城府极深，具有笼络驾驭部下的过人本领。

唐玄宗宠信重用藩将安禄山，此人大奸似忠，貌似粗犷，内有计谋，表面上给人一种憨厚忠直的印象，骨子里却狡诈多端。安禄山想方设法讨取了唐玄宗和杨贵妃的欢心，权位日高，架子也大了起来，渐渐不把朝臣们放在眼里。除了在玄宗面前假装恭顺以外，对其他人都傲慢无礼。这种情况早被李林甫看在眼里。

一天，李林甫召见安禄山。安禄山到李宅之后，长揖拜见，端坐在客位上，显露出一种盛气凌人的架势。李林甫也不动声色，只是用两只小眼睛一动不动地看着他，一句话也没说。安禄山见李林甫目光深邃，咄咄逼人，感到有些不自然，盛气顿时减了一半。这时，李林甫转身告诉下人，有事去宣召王珙大夫进见。王珙进屋之后，刷刷刷地迈着小碎步走上前，规规矩矩地向李林甫犬礼参拜，十分谨慎小心，诚惶诚恐，好像很怕说错一个字，迈错一条腿似的。当时王珙在朝廷中的实际地位是仅次于李林甫的第二号人物，从来都和安禄山平起平坐。安禄山见王珙对李林甫如此敬重畏惧，不由自主地感到有些窘迫，虽然没去补拜大礼，也立刻恭谨起来，不敢出大气。王珙走后，李林甫才和安禄山说话。他把安禄山所作所为的意图和心理活动都说得十分透辟，全说到安禄山的心里去了，安禄山大吃一惊，想不到自己心灵深处的隐私也让李林甫含而不露地点出来，立时汗流浃背，衬衣湿得粘在身上。这时，李林甫脱下自己穿着的袍子给安禄山披上，用好话安慰他一番。从此，安禄山虽然经常侮慢别的朝廷大臣，却非常惧怕李林甫。每次来京城，他都要小心谨慎地拜谒李林甫，每次交谈，李林甫都能洞察他的心扉，使他面容改色，汗流浃背。在范阳时，每当有使者从京城归来，安禄山问的第一句话就是李林甫说他什么了，如果有褒扬他的话就满心欢喜，如果有警告他的话就用手摸着额头说："哦，我可得多加小心，不然，大祸就要临头了。"安禄山怕李林甫竟怕到这种程度。李林甫也看出安禄山已蓄反心，但觉得自己死前可保无忧，反正安禄山不能取代自己的相位。只要生前能享受荣华富贵，至于唐朝江山如何，哪还顾得上管它呢？所以安禄山在李林甫死前始终未敢作乱。

　　李林甫晚年与杨国忠争权，杨国忠背后有杨贵妃撑腰略占上风。当时李林甫年老病重已成风中之烛。听说李林甫已经生命垂危，杨国忠心中暗喜。为了探听虚实，就亲自去李林甫家中问候。不知为何，李林甫虽然病容憔悴，但目光还是那么尖锐，杨国忠不由自主地腿就软了，"扑通"一声跪倒在病床前。李林甫见状，流下两颗泪珠，说："林甫就要死了，我死后你必当宰相，以后我的家事就要拖累你了。"杨国忠早领教过李林甫的厉害，深知此人狡猾奸伪，惧怕李林甫设计诈骗，所以非常紧张，满头大汗，竟半天不敢说话。李林甫城府之深由此可见一斑。

应当牢记的做业之略

深藏不露，喜怒不形于色固然是上司控制下属的有效手段，但有时做得过了头，不仅不能达到树立威信的目的，反而引起下属的逆反心理，结果适得其反。

敢和对手赛跑

做业的学问

做业是一种竞争和比赛。大家知道，长跑，尤其是马拉松比赛，是一种体力与意志的比赛，而意志力尤其胜过体力，有人就因为意志力不足，在体力本来还够时就退出了比赛；也有人本来领先，但却在不知不觉中慢了下来，被后面的选手赶上。

> 跟住某位对手就是为了避免这种情形的产生，并且利用对手来激励自己：别慢了下来！也提醒自己：别冲得太快，以免力气过早耗尽！另外也有解除孤单感的作用。你如果观察马拉松比赛，便可发现这种情形：先是形成一个个小集团，然后再分散为二人或三人的小组，过了中点后，才慢慢出现领先的个人！

想想田径场上的长跑比赛，我们就可以悟出一些做事的道理。比赛开始，众人齐发，难分先后，但到了中途，选手们都会跟上某位对手，然后在恰当的时机突然加速超越，然后再跟住另一位对手，再在恰当的时机超越他！一直冲至终点。

其实，人生不就是一段"长跑"吗？既然如此，那何不学习一下长跑选手的做法，跟住某一个人，把他当成你追赶并超越的目标！

不过，你要找的"对手"应是有一定条件的，而不能胡乱去找。

你应以周围的同事或同学为目标，当然你要找的目标一定要在所取得的成就或能力方面都比你强。换句话说，他要"跑"在你前面，但也不能跑得太远，因为太远了你不一定追得上，就算能追上，也要花很长的时间和很多的力气，这会让你跑得很辛苦，而且挫折太多。

"对手"找到之后，你要进行综合分析，看他的本事到底在哪里？他的成就是怎么得来的？平常他做事的方法，包括对他的人际关系的建立、个人能力的提高等，都要有所了解。研究之后你可以学习他的方法，也可以通过自己的方法下功夫，相信很快就会取得成效——慢慢地你就和他并驾齐驱，然后超越他！

等超越现在的"对手"后，你可以再跟住另一个"对手"，并且再超越他！如此不断，你一定能领先他人。即使拿不到冠军，也不至于被很多人甩下。

不过你得注意一个事实，在长跑里，跟住一个对手并不一定就可以超越他，可能你跟上了他，他发现后几大步就把你甩在后头了！做事也是如此，好不容易接近对手，他又把你抛在后面了。当你处于这种情形时一定不要灰心，因为这种事难免会碰到，碰到这种情形，如果能跟上去，当然是要跟上去，如果跟不上去，那实在是个人的条件问题，勉强跟上去，只会提早耗尽体力。那么这样不是白跟了吗？不！因为你"跟住对手"的决心和努力，已经让你在这"跟"的过程中激发出了潜能和热力，比无对手可跟的时候进步得更多、更快！而经过这一段"跟"的过程，你的意志受到了磨炼，也验证了自己的成绩和实力，这将是你一辈子受用的本钱！

当然也有可能你找到了对手，但就是一直跟不上去，甚至还被后面的人一个个超越过去，这实在令人难堪。碰到这种情形，我们还是要发挥比赛的精神，跑完比赛比获得好名次更重要，人生也是如此，你努力的过程比结果更重要，只要自己真正尽力就行了。就怕半途退出，失去奋勇向前的意志，这才是人生最悲哀的一件事！

应当牢记的做业之略

请你把做业视为一场与人较量的竞争和比赛，这样你就能胜人一筹。信守此道者，一定会是最后的大赢家。

变换看问题之眼

> **做业的学问**
>
> 做业时不能钻牛角尖，要变换着问题的角度。这就是说，当个人能力提高到一定层次之后，往往视野也会随之开阔，如果你对现在的视线范围不满意，不妨提高一下自己的能力。这样你就能找到做业时的变换术。

有这么一个近似于文字游戏的论述。吃葡萄时悲观者从大粒的开始吃，心里充满了失望，（因为他所吃的每一粒都比上一粒小）而乐观者则从小粒的开始吃，心里充满了快乐，因为他所吃的每一粒都比上一粒大。悲观者决定学着乐观者的吃法吃葡萄，但还是快乐不起来，因为在他看来他吃到的都是最小的一粒。乐观者也想换种吃法，他从大粒的开始吃，依旧感觉良好，在他看来他吃到的都是最大的。

悲观者的眼光与乐观者的眼光截然不同，悲观者看到的都令他失望，而乐观者看到的都令他快乐。如果你是那个悲观者的话不妨不用换吃法，而换种眼光吧。

站得高看得远是个永恒不变的真理，但你要先登上高峰才有这样的机会。

想要站得高，就要超越自己的眼光，超越自己的眼光，必须先得超越自己。不妨想象一下自己还没有达到的目标已经达到，那时你会拥有怎样的眼光。

有这样一个笑话，一位已经年近古稀的农夫说："我的力气和壮年时一样大！"别人都惊疑地看着他，他进一步解释："想想那块大石头我壮年时抬不动，现在还是抬不动。"不要以为你的眼光没有达到某个目标就以为它一直没有改变，其实你的眼光一直在变，只是你没有察觉到而已。

也许是你给自己眼光定下的参照物也在变化，所以你才忽略了变化，不要因此而产生悲观的情绪，这反而会损害"视力"。

一位病人找到眼科大夫："医生，我不能念报纸。"医生给他检查以后安慰他："没关系，你的眼睛近视，配一副眼镜就可以解决问题了。"病人惊喜地问："真的吗？我配眼镜以后就可以看报纸了？"医生笑着肯定。病人戴上配的眼镜拿起一张报纸来。"医生，我还是不能念。"医生奇怪地又仔细检查了病人的眼睛："不可能呀？你真的只是近视而已。"病人回答："可是我不识字。"

所以有时是你自己没有区分"看不懂"与"看不见"之间的差别。

你的目光放在那里，你的注意力也会集中在那里，所以慎重选择你注视的方向。

你的时间、精力都是有限的资源，不能够供你任意挥霍，所以你最好只关注那些于你有重大意义的人或事，为一些并不重要的东西分散精力和眼力是件得不偿失的事。当然在学会关注之前你要先学会如何区分重要与不重要。

命运对每个人来说，都是一个需要用一生时间去解答的问题，既然如此，我们就不必时时把命运前程放在心上揣摩，反正一切都会有个结果，不如看看周围自然而新鲜的世界。

眼光决定人生，这一点也不过分。拥有什么样的眼光，也就拥有什么样的人生。

你眼光独特，必然会获得成功；

你眼界狭窄，必然会把一生带进死胡同；

你眼光散漫，人生也充满了散漫与空虚。

反之，你想拥有什么样的人生，也就需要什么样的眼光，幸好，眼光是可以凭自己努力改变的。

应当牢记的做业之略

做业离不开敏锐的眼光，眼光越敏锐者，就越容易发现别人未曾发现的问题，从而为自己赢得胜局打下良好的基础。

牢记"明白"两字的作用

做业的学问

做业是明白人所擅长的成功强项。不难发现，当有小人出现的时候，许多人都为做业之难而伤透脑筋。睿智者自然以"明白"两字为本，应对这些小人。

《菜根谭》说：谗毁诬陷是一切奸佞小人惯用的一种手段。为了打击对手，或无中生有，或夸大其词，编造种种不实之词，散布种种流言蜚语，对对手的致命短处和隐私进行攻击，使其在猝不及防；或者防不胜防，一而再、再而三地为暗箭所伤。因此，做业不能丢开"明白"两字。

谗毁诬陷之术的险恶性，在于谗诬之人目的极其阴险狠毒，其唯一目的就在于害人利己，播弄是非或散布错误信息，使决策者做出决断时发生偏差和错误，被诬者失去道义的支持力量和信任。为卑劣的私欲来陷害打击他人，往往还不仅仅是扫除对手，有些则仅仅是出于嫉妒而对人加以陷害，以满足阴暗的心理，求得暂时的心理平衡，这种不是以自己的努力与才智来超越他人，而是以陷害别人来求得恶意的心理愉悦，其手段与目的均是卑鄙与恶毒之至。

谗毁诬陷之术的险恶性，常表现在其手段的隐蔽。在对手不自觉、无形之中为谗诬者所害，不留任何把柄，让你即使知道了也是无话可说；在很多时候还是兴高采烈地对他感激不尽，认奸为友；有时候奸佞之徒在揣摩好别人的意图后，自己不直接表达心愿，而是旁敲侧击，藏构陷于赞扬之中，使其有苦难言。

清朝道光年间，军机大臣曹振镛当政之时，对政敌打击往往很大。琦善很讨厌，两人面和心不和，就一直想把他排挤走。一次，琦善因处理鸦片战争后与英国殖民者"洋务"不当，被革去两江总督职。道光一日问曹振镛道："两江总督地处南海边陲，与洋人对峙，交往很大，职位非常重要，我想派一个资深望重、久历封疆的官员去担任此职，你看谁合适呢？"

曹振镛知道蒋攸恬刚由直隶总督任上调上来，属于道光帝想要的那一类人，但是由自己提出来，不免授人以排挤同僚的口柄，也会引起道光皇帝的怀疑，所以他不直接提出由蒋氏调任，而提正被白莲教叛乱弄得焦头烂额、肯定不能调任的川陕总督那彦成。说："臣以为川陕总督那彦成资历最深。"

果然，这个建议遭到了道光皇帝的否决，说："川陕一带，正发生民乱，那彦成不能调动。"说着又看了看曹振镛，当时军机处要员都在座，蒋攸恬亦在身旁，但是曹振镛就是不再说话。

道光皇帝见曹不说话，环视四周，看到了蒋攸恬，马上说："你就是前朝的封疆大吏，去任两江总督正合适。"此事就这样敲定了，实际上蒋攸恬由军机大臣调任两江总督，从权力与权位上，都有下放的嫌疑，所以，蒋攸恬出来后对人感慨地说："曹公的智巧，真可怕呀！他把自己的意思含而不露，却让陛下说出来，就无可更改了，这样的排挤，真是高明至极啊！"

云贵总督阮元也为曹振镛所厌恶。一次，道光皇帝偶然谈到了阮元，就对曹振镛说："阮元已任总督、巡抚三十年了。刚到壮年就官居二品，怎么升迁得这样快呢？"

曹振镛赞扬道："阮元学问优秀。"

道光皇帝问道："何以见得呢？"

曹振镛说道："他现在任云贵总督，每天与宾客谈文刻书呢！"

曹振镛深知道光帝秉性，他非常厌恨封疆大吏不事公务，却谈诗论道，表面上称赞，实际上却是重重地"参了一本"。道光皇帝听后，沉默不语，不久，阮元被召回京城，不再受到重用。

应当牢记的做业之略

《菜根谭》说：谗毁诬陷之术，本质上是一种"借刀杀人"的阴谋。谗诬的官员必须借助领导人与上级的力量才能扳倒对手，一般来说，他本人是不会直接出面与对手进行面对面的正面交锋，而且往往还做出推心置腹、亲密无间的姿态，使对手放松警惕，"引狼入室"，这种狐假虎威、卖友求荣、落井下石的"杀熟"行为，更能使阴谋诡计行之有效，体现出其致命性。这就是说，作为一种以嫉妒，陷害为基本心理动机，因此智者做业一定要谨慎这一点。

摸一摸对方的心思

> **做业的学问**
>
> 做业与察人之道相关，聪明做业善于摸透对方心思再行动。古人说："世事洞明皆学问，人情练达即文章。"在有些时候，有些人做事是靠"跑关系"、靠"人情定律"来运转的，因此不懂不察人情是不可以的，因为，人情是无根的东西，想要固定它，必须牢牢地掌握它。这样才能进一步摸透对方的心思！

通晓人情，就是要有一种设身处地、将心比心的情感体验的态度。

从正面讲，就是要"己欲立而立人，己欲达而达人"。就好像肚子饿了要吃饭，应该想到别人肚子也饿了，也要吃饭；身上冷了要穿衣，应想到别人也与你一样。懂得这些，你就要"推食食人"、"解衣衣人"。刘邦就知道这种道理，所以他在韩信眼中是个通情的人，并且刘邦还使韩信欠下自己的人情债不忍背叛。

汉王四年（公元前203年），韩信平定了齐国，他向汉王刘邦上书："我愿暂代理齐王。"刘邦大怒，转而一想，他现在身处困境，需要韩信，就答应了。韩信力量更加壮大。齐国人蒯通知道天下的胜负取决于韩信，就对他说："相你的'面'，不过是个诸侯，相你的'背'，却是个大富大贵之人。当前，刘、项二王的命运都悬在你手上，你不如两方都不帮，与他们三分天下，以你的贤才，加上众多的兵力，还有强大的齐国，将来天下必定是你的。"

韩信说："汉王待我恩泽深厚，他的车让我坐，他的衣服让我穿，他的饭给我吃。我听说，坐人家的车要分担人家的灾难，穿人家的衣服要思虑人家的忧患，吃人家的饭要誓死为人家效力，我与汉王感情深厚，怎能为个人利益而背信弃义。"

过了几天，蒯通又去见韩信，告诉他时机失去了便不再来，韩信犹豫不决，只因汉王对他情深义重。

我们姑且不论刘邦以后如何处死了韩信，但就人情世故而言，刘邦很成功，他能令韩信在想到背叛时心中产生了愧疚，不忍去做。

通晓人情从反面讲，就是要"己所不欲，勿施于人"。你爱面子，就别伤别人面子；你要尊重，就不能不尊重别人。"只许州官放火，不许百姓点灯"的事，也不是没有人做。

项羽就是其中之一。虽然他有"霸王"的美称,却只有霸者的习气,没有王者的风范。他自己想称王,却想不到手下的弟兄也想做官。该赐爵的时候,爵印就在他手中,棱角都磨损了,他还是舍不得颁发下去。

因此,与其说项羽败给刘邦,还不如说他输给了人情。

通晓人情还不够,有的人既通又晓,但自视清高,懒得做。情是做出来的,需要有你的人缘。

有人缘的人,才会广交朋友受人欢迎。

话虽这么说,但人情的"通",人缘的"有",是不能靠守株待兔,天上不会掉下一张馅饼,而且刚好掉到你的嘴巴里。人情要去做。

做人情,前提便是察言观色,消息灵通。

察言,便是"闻一知十",观色,便是"见面明意"。真正地做到了这一点,让你的朋友欠个人情给你,简直太容易了。

李先生与赵先生在一家商场相遇,赵先生带着他的独生女,两人边走边谈些生意上的事情,当经过卖衣柜时,李注意到赵的女儿的眼光落在一件红色衣服上。第二天,李来到赵的家,送给赵的女儿一件红色的礼物,赵的女儿很开心,却没想到,她的父亲有一天要给"李叔叔"一个面子,将这个情还上。

《菜根谭》说:在人际交往中,要想赢得对手的好感,就必须时刻留意对方的兴趣、爱好,明白对手的意图,理解对手的心思,这样才能投其所好,对症下药。然而,对手的意图往往捉摸不定,善逢迎者必须下功夫掌握他的心意,揣摩他的心理,然后尽量迎合他,满足他的欲望,甚至还能抢先一步,将对手想说而未说的话先说了,想办而未办的事先办了。把个他乐得美滋滋的。自然,他的回报也总是沉甸甸的。

应当牢记的做业之略

在日常生活中,待人处世应做到知己知彼,"见什么人说什么话",对不同的人运用不同的交往之道,随机应变,才能事事顺遂。比如,在和别人相处时,就要根据别人的性格特点和其好恶,对自己的为人处世方式做一些必要的修正,以便迅速赢得别人的好感,建立起一定的感情。此为做业术。

眼睛要大,心要明亮

做业的学问

善于做业者必须心明眼亮。《菜根谭》说:本来,彼此都是以利相聚,分利不均自然要内讧;即使能够维持较长时期的相安无事,等到赃利瓜分完毕,也势必要分手散伙,再依据新的利益需求,组成新的团伙,原来同一营垒的人也许又会成为对手。因此,做业时一定要眼睛大、心明亮。

杨炎与卢杞在唐德宗时,一度同任宰相,两个人都算不了什么正派人物，不过杨炎毕竟还善于理财，文才也好，至于卢杞，除了巧言善辩，别无所长，但嫉贤妒能，使坏主意害人却是拿手好戏；两个人在外表上也有很大不同，杨炎是个美髯公，仪表堂堂，卢杞脸上大片蓝色痣斑，相貌奇丑，形容猥琐。

两人同处一朝，杨炎有点看不起卢杞。按当时制度，宰相们一同在政事堂办公，一同吃饭，杨炎不愿同他同桌而食，经常找个借口在别处单独吃饭，有人趁机对卢杞挑拨说："杨大人看不起你，不愿跟你在一起吃饭。"卢杞自然怀恨在心，便先找杨炎下属官员过错，并上奏皇帝。杨炎因而愤愤不平，说道："我的手下人有什么过错，自有我来处理，如果我不处理，可以一起商量，他为什么瞒过我暗中向皇帝打小报告！"两个人的隔阂越来越深，常常是你提出一条什么建议，我偏偏反对；你要推荐一些人，我就推荐另一些人，总是对着干。

当时有一个藩镇割据势力梁崇义发动叛乱，德宗皇帝命令另一名藩镇李希烈去讨伐，杨炎不同意，说："李希烈这个人，杀害了对他十分信任的养父而夺其职位，为人凶狠无情，他没有功劳却傲视朝廷，不守法度，若是在平定梁崇义时立了功，以后更不可控制了。"

德宗已经下定了决心，对杨炎说："这件事你就不要管了！"杨炎却不把德宗的决定放在眼里，一再表示反对，这使对他早就不满的皇帝更加生气。

不巧赶上天下大雨，李希烈一直没有出兵，卢杞看到这是扳倒杨炎的好时机，便对德宗皇帝说："李希烈之所以拖延不肯出兵，正是因为听说杨炎反对他的缘故，陛下何必为了保全杨炎的面子而影响平定叛军的大事呢？不如暂时免去杨炎宰相的职位，让李希烈放心，等到叛军平定以后，再重新起用，也没有什么大关系！"

这番话看上去完全是为朝廷考虑，也没有一句伤害杨炎的话，卢杞排挤人的手段就是这么高明。德宗皇帝果然信以为真，于是免去了杨炎宰相的职务。

从此卢杞独掌大权，杨炎可就在他的掌握之中了，他自然不会让杨炎东山再起的，便找碴整治杨炎。杨炎在长安曲江池边为祖先建了座祠庙，卢杞便诬奏说："那块地方有帝王之气，早在玄宗时代，宰相萧嵩在那里建立过家庙，玄宗皇帝不同意，令他迁走；现在杨炎又在那里建家庙，必定是怀有篡夺的野心！"

早就想除掉杨炎的德宗皇帝便以卢杞这番话为借口，将杨炎贬至崖州，随即将他杀死。

《菜根谭》说：处理人际关系时有一个原则：不要撕破面子。哪怕你对对方恨之入骨，必欲置之死地而后快，但在没有达到目的之前，也还是要和气相处，甚至在达到目的之后，对其亲人也还要笑脸相迎。这叫"虚与委蛇"。这有很多好处，一是可以麻痹对手，二是如果将来形势有变，彼此需要联手，也有个转圜的余地。

像杨炎这种人，喜怒形于色，最后遭到对手的暗算，实在是不可避免之事。

张泊、陈乔是南唐末代皇帝李煜身边的两名亲信佞臣，当北宋大兵讨伐江南时，他们向李煜严密封锁了南唐队伍节节败退的消息，李煜便以为可以高枕无忧，终日在宫中诵经念佛，直到北宋大军兵临城下，李煜偶尔登临金陵城头，发现四郊旌旗蔽日，战舰满江，才知道被二人所骗。

这二个人自知罪责难逃,便相约共同自杀,于是一同来到宫中向李煜诀别。陈乔说:"臣辜负了陛下,唯有以死相报。如果大宋的皇帝责备陛下,陛下都往我身上推吧!"

李煜说:"我们南唐的气数已经完了,你们死了也无补于事。"

陈乔说:"陛下纵然不加罪于臣,臣也没有面目见天下人。"

说罢便回家上吊而死。张洎其实是个怕死鬼,根本就不想死,当陈乔离开李煜后他说:"我和陈乔共同主持军国大事,国家灭亡了,本来应当一起以死抵罪;可我又想,如果陛下被大宋掳去,谁来出面替陛下开脱责任呢!我之所以不死,是因为我还有事情没有办完呀!"

他活了下来,后来投降了宋朝,又成为新朝的显官要宦,倒是李煜比他还先死。

本来约好了一同以死抵罪的,到了最后关头,实心眼的死了,狡诈的变了主意,活了下来,原来这样的事也是古已有之。像这样的人,可以叫作:"可与共欢乐,不可与共患难"。

应当牢记的做业之略

做业有成败,成局不必多言,败局自是缺乏敏锐的眼力和心力所致。这一点,请大家记住。

始终要有忧远之心

> **做业的学问**
>
> 做业要做长远之局,即从长远计划来布阵。"自古不谋万世者,不足谋一时;不谋全局者,不足谋一域。"自古以来,不考虑长远利益的,就不能够谋划好当前的问题;不考虑全局利益的,就不能策划好局部的问题,人无远虑,必有近忧。

历史上有许多谋深计远,终身受益的事例。刘邦谋士萧何,眼光远大,不同凡人。汉高祖刘邦率兵攻占咸阳后,凡秦宫的金银财宝,狗马玩物,任凭臣下随意掠取,毫不禁止。萧何其人行为独特,他进入丞相府,收罗秦朝的典籍簿册而回。这时,他便对当时天下的山川形势,关隘险阻,户籍多少,人民贫富,了如指掌,在楚汉战争中,都派上了用场。为此,他做了西汉的第一任相国。

在历史的长河中,也有一些英雄豪杰,因一时目光短浅,眼界狭隘,致使前功尽弃,饮恨苍天。楚汉相争中,项羽身经七十余战,连战连拔,但因战略失误,最后自刎乌江。陈胜、吴广、张角、黄巢、李自成等农民起义军领袖,率领成千上万的人民群众,斩木为兵,揭竿为旗,东征西讨,南征北战,沉重打击了反动统治阶级的嚣张气焰。然而,终因未能建立稳固的根据地等战略上的失误,以失败告终。

谋深计远,需要认识和掌握事物发展变化的可能和趋势,事先采取相应的措施。萧何的不同寻常之处在于，能知人所不知，见人所未见，知道掌握秦朝山川图册的重要价值，因此，在别人唯财物是夺的时候，收起当时百无一用的图册。

谋深计远，还需要居安思危，防患未然。在胜利的时候，保持清醒的头脑，准备应付可能发生的危险和困难。

老子说："祸兮福之所倚，福兮祸之所伏。"任何事物都可能向相反的方面转化。胜利，是各种竞争力量暂时较量的结局，不是恒久不变的，一旦力量对比发生变化，就会胜转为败，强化为弱。

因此，聪明的人总是十分注意保持高度警惕，"既胜若否"，以防万一。

武则天时，有一个负责传递消息的舍人叫元行冲，学问渊博，多才多艺，狄仁杰很器重他。元行冲数次规劝狄仁杰说："凡是举家过日子，必须有所储备。肉干、酒是用来食用的，参、术是用来治病的。我暗想明公之门，山珍海味，无奇不有，一定多得不得了。但我元行冲恳请您一定要储备药物。"狄仁杰笑着说道："我药笼中的药，怎么可以一天没有呢？"

这是一段暗语，"药物"，是指发病即遇到意外伤害时的应付措施，防患未然之法。当时，狄仁杰深得武则天的信任，可谓志得意满，但他懂得这并不是不可以失去的，应该防患于未然，准备应付失宠，这就是政治家的胸怀。

应当牢记的做业之略

有一句成语，叫"螳螂捕蝉，黄雀在后"。蝉在树上放声歌唱，可他不知道螳螂正躲在它的身后。螳螂弯着身子躲在一边,正想捕蝉,却不知道有一只黄鸟在它身旁。黄鸟伸长脖子,正想去捉螳螂,却不知道树下行人举着弹弓要打它。从某种意义上讲窥测者大有人在。在竞争胜利者的身前身后,一定有人在睁大双眼,伺机取而代之。如果胜利者放松戒备,骄傲自满,稍有失足,便可能为人提供可乘之机,转胜为败,化强为弱。

摆弄"后一手"的绝招

> **做业的学问**
>
> 善于做业的人喜欢用"后一手"去克敌制胜。我们知道,兵法有先发制人,也有后发制人,在某种程度上,后发制人——"后一手"也许更厉害!假如你在布阵时,千万别忽略"后一手"的做业术。

公元238年3月,司马懿率领步骑4万,从洛阳出发,魏明帝亲自送出西明门。这一年司马懿已经59岁了,比当年曹操远征乌桓时还大7岁。但他老当益壮,满怀胜利信心,领兵远征燕军。

魏军一举突破辽河天险,并弃营不攻,直扑襄平,燕军将领卑衍、杨祚十分惊慌，生怕老巢空虚不保，立即率领全军回援，企图堵截魏军。司马懿待燕军进到适当地点，迅速率兵反击。魏军士气旺盛，一连打了三个大胜仗。卑衍、杨祚率领败军，逃回襄平城内。司马懿乘胜进军，兵临襄平城下。

这时，正好赶上连日暴雨，辽河河水猛涨，淹没了两岸大片地方。襄平城四周，变成了白茫茫的水乡，有的地方水深达数尺。魏军急切不能合围，营帐全部泡在水中。有的官兵提出转移到高地扎营，司马懿传令道："有再敢言迁营者斩！"都督令史张静违反命令又要求迁营，果然被司马懿斩首示众。魏军被迫泡在水中，处境非常困难。公孙渊乘机令襄平城内的部队与百姓出城放牧、打柴。有的将领见有机可乘，就要求消灭掉出城的敌军，司马懿不同意。有人问他："过去打上庸时，八路并进，日夜攻打，只用了六天，就攻破了城池，杀掉了孟达。现在我军远道而来，反而不急于攻打敌人，是何道理？"司马懿笑道："那时，孟达兵少粮多，可支一年，我军人数四倍于敌而粮食不够一月，以一月图一年，怎么能不速战速决呢？以四人打一人，则是可以速战速决的，所以不计死伤，猛攻上庸，实质上是与粮食竞争。现在情况不同了，敌众我寡，敌饥我饱，又逢大雨，难以速战速决。此次出兵辽东，不怕燕军坚守，就怕燕军跑掉。目前，我军兵员虽少，粮草充足，燕军虽多，粮草将尽。如果消灭出城放牧、打柴之敌，抢走他们的牛马，在我军没有完成合围的情况下，不就等于迫使燕军逃跑吗？公孙渊倚仗人数众多和雨天大水给我军带来的困难，继续坚持，不肯认输。我们何不将计就计，主动示弱，使他们安心，等到雨停、水退，敌军粮尽之时，再发动攻势，不比现在捡点小便宜强得多？用兵的诀窍在于根据敌情的变化而变化啊！"大家听了都非常信服。于是，司马懿率领部队，一面继续合围襄平，一面暗中赶做大批楼车、钩梯，待机攻城。

不久，雨停了，水逐渐退去，魏军完成了对襄平城的包围。接着，司马懿捉住燕军粮草基本断绝之机，对襄平城发动了猛烈的攻势。为了突破城防，司马懿指挥魏军挖地道、堆土山，上下结合，配以楼车、钩梯，轮番进攻。时过不久，公孙渊支持不住，遣使出城求和，司马懿不准，他捎话给公孙渊说："既敢对阵，或战或守或走，三者都不能，就应降应死，岂有求和之理。"公孙渊无奈，只好继续抵抗。但是他们的士卒早已饥疲不堪，军心早已瓦解，大将军杨祚首先开城投降。司马懿挥军入城，一举击毙燕军7000多人，公孙渊向外围突围时，被魏军杀死于乱军之中，余将全部投降。平叛作战果然只用了三个月。第二年春，司马懿按照原定的计划，如期班师回朝。

应当牢记的做业之略

古书中讲，"度以往事，验之来事，参之平素，可则决之"；能趋利避害则决之；勇于决者而又善于决者，谋事可成。决策，是决定事物成败的关键。司马懿就是勇于决者而又善于决者。在当时那种艰难困苦的处境中，能做出坚守阵地而合围歼敌的决定，实属不易，没有勇于决断善于决断的能力是做不到这一点的。当然，他也是根据敌我双方的实际情况，又从历史、将来、现实方面分析，才做出的决定。有了这一正确的决定，司马懿才指挥若定，夺取了围城歼敌的胜利。

以大计治小计

> **做业的学问**
>
> 做业需要有大计,这样能确保你做事的成功率,从而不会因智障者失手。根据《三十六计》,计有大小之分。善于用计者,总是以大计治小计,从而获得胜局。

蜀后主建兴十二年(234年),诸葛亮领兵34万伐魏,分五路进军,六出祁山。魏明帝曹叡闻报,命司马懿为大都督,领兵40万至渭水之滨迎战。诸葛亮与司马懿是沙场老对手,双方都知道对方兵法娴熟,足智多谋,不好对付。所以战前各自都作了周密部署,严阵以待。诸葛亮在祁山选择有利地形,分设左、右、前、后、中五个大营,并从斜谷到剑阁一线接连扎下十四个大营,分屯军马,前后接应,以防不测。司马懿则屯大军于渭水之北,同时在水上架起九座浮桥,命先锋夏侯霸、夏侯威领兵5万渡河至渭水南岸扎营,又在大营后方的东原,筑城驻军,进可攻,退可守,稳扎稳打,务使魏军立于不败之地。司马懿受命离开魏都时,曾受曹叡手诏:"卿到渭滨,宜坚壁固守,勿与交战。蜀兵不得志,必诈退诱敌,卿慎勿追。待彼粮尽,必将自走,然后乘虚攻之,则取胜不难,亦免军马疲劳之苦。"所以在经过两次规模不大的交锋,双方互有胜负之后,魏军便深沟高垒,坚守不出。由于蜀军劳师远来,粮草供应颇为困难,因而利于速战;而魏军以逸待劳,利于坚守。因而诸葛亮的主要策略目标，就是要诱敌出战，调虎离山，速战速决。然而司马懿老谋深算，素以沉着、谨慎、稳重著称，加上有魏明帝临行手诏，也不必担心那些急于求功的部将鼓噪攻讦。在这种情况下，要调动司马懿这只"老虎"离山，谈何容易！然而再狡猾的狐狸，也斗不过好猎手。司马懿这只擅长谋略，经验丰富的"深山之虎"，终究被诸葛亮调出来了，还险些丢了性命。那么，诸葛亮究竟使了什么样的奇招，使司马懿这只老狐狸也难免上当呢？

诸葛亮深知，己方最根本的弱点是远离后方，粮草供应困难；他同时也深知司马懿正是看准了自己这一弱点，并利用这点作文章，期待并设法使蜀军断粮，从而将蜀军困死或逼蜀军撤退，然后乘机取胜。于是诸葛亮便将计就计，也在粮草供给问题上作文章、设诱饵，以此引司马懿这只"虎"离山。措施之一是分兵屯田，与当地老百姓结合就地生产粮食，以供军需，摆出一副作持久战的架势。这就等于宣示司马懿：你不急，我也不急；若是我不急，看你还急不急。果然司马懿的长子司马师沉不住气了，对其父司马懿说："现在蜀兵以屯田作持久战的打算，如此下去，如何是了？何不约孔明大战一场，以决雌雄！"司马懿口头上虽说，"我奉旨坚守，不可轻动"，心里其实也很着急。诸葛亮的另一个措施，是自绘图样，令工匠造木牛流马，长途运粮，据传这东西很好使，"宛如活者一般，上山下岭，各尽其便"，蜀营粮草由木牛流马源源不断从剑阁运抵祁山大寨。司马懿闻报大惊说道："吾所以坚守不出者，为彼粮草不能接济，欲待其自毙耳。今用此法，必为久远之计，不思退矣。如之奈何？"诸葛亮看出了司马懿急于破坏蜀军屯田、运粮、屯粮计划的心情，于是进一步利用这一点引他上钩。办法是：一方面在大营外造木栅，营内掘深坑，堆干柴，而在营外周围的山上虚搭窝铺草营造成蜀兵分散结营，与百姓共同屯田屯粮，而大营空虚的假象，引诱魏军前来劫营；另一方面在上方谷内两边的山坡上虚置许多屯粮草屋，内设伏兵，同时让军士驱动木牛流马，伪装往来谷口运粮。而诸葛亮自己则离开大营，引一支军马在上方谷附近安营，以引诱司马懿亲领精兵来上方谷烧粮。而司马懿呢？他虽烧粮心切，却又极为谨慎小心，深恐中了诸葛亮调虎离山的诡计。于是便也使了个声东击西、调虎离山计来应战。他亲领魏兵去劫蜀兵祁山大营，但却一反过去每战必让主攻部队走在前面的惯例，让手下的部将冲锋在前，直扑蜀营，自己反而在后引援军接应。他这样做，一则是担心蜀营有准备，怕中了埋伏；二是他指挥魏军劫蜀军大营本属佯攻，目的是调动蜀军各营主力，甚至诸葛亮本人领军前来营救，而他却自领精力奇袭上方谷，烧掉蜀方的粮草。然而，司马懿的这个调虎离山计，却未能跳山"如来佛的手掌心"。诸葛亮早料到司马懿这一招。因而当魏军直扑蜀军大营时，诸葛亮只是事先安排蜀军四处奔走呐喊，虚张声势，装作各路兵马都齐来援救的态势，而诸葛亮却趁司马懿这只"虎"已离山之机，另派一支精兵去夺了渭水南岸的魏营，而自己却在上方谷等待司马懿来"烧粮"，以便"瓮中捉鳖"。司马懿果然中计。他见四处蜀军都急急忙忙奔回大营救援，便趁机急领司马师、司马昭及一支亲兵杀奔上方谷来。接着又被蜀将魏延依诸葛亮的安排，用诈败的方法诱进谷中，截断谷口。一时山谷两旁火箭齐发，地雷突起，草房内干柴全都着火，烈焰冲天。司马氏父子眼看就将葬身火海。亏得突来一场倾盆大雨，才救了司马氏父子三人及少数亲兵的性命。

司马懿这只"虎"原本拿定了深沟高垒、坚守不出,决不离山的主意,结果却仍被诸葛亮调下了山;他原想用"调虎离山"计烧掉蜀军的粮草,想不到却反而中了诸葛亮的"调虎离山"计。真是计外有计,天外有天,军机难测。

应当牢记的做业之略

大计胜小计,这是做业的硬道理。千万别误认为你开始想出来的计策就是大计,而是要善于四处观察和估算,等到自己确实操纵的是大计时,再迅猛出手。

有备无患是制胜的要诀

> **做业的学问**
>
> 做业是一种预防术,即有备无患是制胜的要诀。睿智者做业十分注意这一点,并且在任何时候都谨慎为之,争取不让自己轻易被人击败。

楚襄王做太子时,被送到齐国作人质。楚怀王死,太子辞别齐王回到楚国,齐王不许。齐王说:"你给我东地五百里,才放你回去,否则,我不放你走。"太子征求太傅慎子意见，慎子说，应该答应献地。这样，太子以献地五百里为代价归还楚国，即位为王。很快，齐国派兵五十乘来楚国索取土地。楚王告诉慎子说："齐国派人索要土地，我们该怎么办？"慎子说："大王明天朝见群臣，令他们各献计策。"上柱国子良入见楚王。楚王说："寡人得以返国为王，是因为把东地五百里许给了齐国。如今齐国振人索取土地，如何是好？"子良道："大王不能不把地献给齐国。大王身为一国之君，金口玉言，已经答应献给具有万乘之强的齐国五百里土地，如果食言，便是不守信义，言而无信，以后便无法同诸侯结盟缔约。大王可以先把土地献给齐国，而后再进攻齐国，献地于齐，这是讲求信义，然后再以武力夺回，这也无可非议。因此，臣以为应该献出东地。"

子良退出，昭常入见楚王。楚王说："齐国派使者来索取东地五百里，该怎么办呢？"昭常说："这地不能给齐国。所谓万乘之国，是因为有广大的地盘，如今割去东地五百里，这便使我国少了一半，为此，虽有万乘之国的称号，连千乘的实力都没有。决不能给。臣请求镇守这东地五百里。"

昭常退出，景鲤入见楚王。楚王问："齐国派人来索取东地五百里，这可怎么办？"景鲤说："不能把地给齐国。不过，我们楚国也难以凭自己的力量保住这块地盘。大王身为一国之尊，金口玉言，答应把东地五百里给齐国而不兑现，天下的人都会说您. 不守信义。可是楚国又难以独守此地，因此，臣请向西求救于秦。"

景鲤退出，慎子入见楚王。楚王便把三位大夫的计策讲给慎子说："子良见寡人说：'不能不献东地，可以先献后施武力夺回，'昭常见寡人说：'不能献出东地，昭常愿意守住东地，'景鲤见寡人说：'不能割地于齐。不过楚国无力独守，臣请求救于秦国'。寡人用他们三人中谁的计谋更好呢？"慎子答道："大王可以将三人的计策同时采用。"楚王顿时变色道："你这是什么意思？"慎子说："请允许我效法他们的说法，说完了大王就知道三计并用的可行性了。大王发上柱国子良车五十乘，次日起兵，北面献地五百里给齐国；然后，派昭常为大司马，令他前往镇守东地，明天让他动身。派遣景鲤率五十乘车，向西去秦国求救兵。"楚王依从慎子的计谋。子良到了齐国，齐国使以甲接受东地。而昭常却对齐国派来的使者说："我奉命镇守东地，并且与东地共存亡。我这五尺之躯，六十之龄，以及三十余万楚国将士，甘愿为守东地而献身。"齐王对子良说："大夫您来献地，却又让昭常守住东地，这是为什么？"子良说："臣是传达楚国之君的意志，而昭常是假借王命。请大王进攻东地，征讨昭常。"可是，齐国大军还未到达齐楚边界，秦国就派了50万大军到了齐国的右部边界，说："齐国阻止楚太子归国，又要攻夺楚国的东地五百里，这是不仁不义之举，如果停止用兵，也就罢了，否则，我们就与你们决一死战。"齐王惊恐异常，赶紧请子良回国，又向西出使秦国；以解举国之难。就这样，楚王未动一兵一卒，而使东地依然属楚国。

慎子为保住楚国东地五百里的做法，可称一绝，这不是一手准备，而是多手准备，真是老谋深算，周到细密。

"智者之举，必因时。时不可必成。"意思是说，聪明人的行动，是顺应客观形势的。客观形势的发展或然性很大，并不是绝对确定、不可移易的，出人意料，瞬息万变也是常有的事。为此，我们办事情，想主意，绝不可一条道儿跑到黑，活动方案应该有足够的弹性，有几个可供选择项，这样，一旦形势发生变化，便不会因为某一方案的失败而一筹莫展，而是进退有路，应付自如。俗话说的狡兔三窟，免去一死，就是这个意思。慎子方略的高明之处，就在于此。

围绕着楚东地五百里的归属问题，慎子和其他大臣们的共同思想是，既不承负言而无信的骂名，又不交出东地五百里。为此，先派上柱国子良到齐国转交土地，以此证明楚王是守信用的。在此之前，先派昭常保卫这土地，他以大臣忠君保国的名义去做，既无损楚王的威望，又可保证土地的安全。这两个计策，实际上可成为第一方案的两个方面。昭常自告奋勇地保卫东地，说明他对保卫东地五百里不受外来侵犯，很有信心，再加上面对外敌侵略，楚军上下都会产生强烈的民族情绪，杀败齐军，保住东地是可能的。但齐国兵强马壮，人多势众，楚齐交战，也可能楚败于齐。为防止这一结局，便制定了应急方案，即求助于秦。慎子筹划的这一方案，确实是很完美的。但后来事情的发展比预想的顺利，齐楚还未交手，秦军就到了，加速了整个过程。

应当牢记的做业之略

"有备无患"，看似人人皆知，实际上有些人遇到具体问题，就会头脑发晕，犯下大错。因此，在某种程度上讲，做业之术即为一种特殊的防患术。

射箭要看靶子

> **做业的学问**
>
> 做业要有目标性和针对性，否则会劳而无获。俗话说，"射箭要看靶子，弹琴要看听众。"在人际交往的做业术中，要注意揣摩对方的心思，不要自作聪明以至弄巧成拙。

清朝末年的李鸿章，是洋务运动的主要人物，也是近代史上筹办洋务最多的人。有一年，李鸿章曾应邀出访美国，受到当地政府官员的热烈欢迎。一日，他在一家饭馆设宴招待当地的官员，宴会开始了，李鸿章站起来，按照在国内的惯例，说了几句客套话：

今天承蒙各位光临，不胜荣幸。我们略备粗馔，聊表寸心，没有什么可口的东西，不成敬意，请大家多多包涵……

第二天，当地的报纸把这段话译成英文登了出来，不料饭馆的老板看报纸后十分恼怒。他认为是这位李中堂大人对他们饭馆的诬蔑，除非他能拿出令人信服的证据来，比如哪一道菜粗，怎么个不可口，否则，就是有意损害店家的声誉，必须予以赔礼道歉。弄得这位中堂大人好不尴尬。

这是因为李鸿章没有注意到交际对象的民族心理而导致的失误。不同的民族、不同的民族心理就会表现出不同的交际方式。如果在餐厅点一杯啤酒，却赫然发现啤酒里有一只苍蝇，英国人会以绅士的风度对侍者说:"换一杯啤酒来!"法国人会将杯中物倾倒一空;西班牙人不去喝它,只留下钞票,不声不响地离开餐厅;日本人会去叫侍者把餐厅经理叫来训斥一番:"你们就是这样做生意的吗?"沙特阿拉伯人则会把侍者叫来,把啤酒递给他说:"我请你喝……"美国人比较幽默,会向侍者说:"以后请将啤酒和苍蝇分别放置,由喜欢苍蝇的客人自行将苍蝇放进啤酒里,你觉得怎么样?"这非常形象地概括出不同的民族处在同一环境,接受相同的刺激时的不同反应。李鸿章的话对中国人来说是好理解的,这只不过是一种表示敬意的客套话,在中国这样的话到处都能听到。中国人强调人的社会性,强调社会对个人的约束,历来以谦虚为美德。显然李鸿章的这番话从字面上的意义来理解是不妥的,它所表达的是恭敬的意思,只有东方民族才能理解这种现象。而这次是在美国,说话的地点、听众都发生了变化。美国人通常更愿意直截了当和坦率地表示个人的意见,喜欢直来直去,自然对东方人这种往往不切合实际的"自谦"难以理解,他们只是按照自己的思维方式来理解字面的含义,双方自然会发生冲突。如果有人走进美国一家公司经理办公室说:"我能力有限,请你雇用我。"那一定会被拒之门外。"能力有限,我雇用你干什么?"经理往往还很不高兴,认为你的话侮辱了公司,好像他们公司只配雇用能力有限的人。如果你振振有词地申述你的工作能力,反而有可能雇用你。所以那位老板的做法就不奇怪了,如果李鸿章把这番话改成这样:"贵国的烹饪真是漂亮极了,今天能有机会借花献佛,不胜荣幸之至……"就会受到各方面的认同。

应当牢记的做业之略

大场面的应酬如此,至于生活中交往的细节,更有相当的误差,这就要求我们能够做到细心观察,随机应变。这样你就可以在交往中游刃有余。

曲中见直,直中见曲

> **做业的学问**
>
> 做业术中有"曲"与"直"两字,怎么讲?事情往往有正必有反,有顺必有逆,有利就有不利,有直便有曲。政治家要善于从曲中见直,从直中见曲,从利中见不利,从不利中见利。这正是对忤合术的实际运用:善于思索,抓住事物的本质和特点,制定决策,"忤合之而化转之"。

春秋战国时期,楚庄王想攻打陈国,于是他派间谍去刺探陈国的国情。侦察人员回报:"陈国不可攻伐!陈国城高沟深,储备丰富"。楚庄王听后却满意地说:"那么,陈国可以攻伐!"陈国国小但储备丰富,说明赋敛繁重;城高沟深,说明民力疲惫。于是,楚国起兵,一举攻下了陈国。这就是从曲中见直,从不利中见有利。

越国的范蠡在帮助勾践复国后坚持不就相位，汉朝的张良在灭秦锄楚后杜门不接客，因为他们深知福极祸来的道理，这就是从直中见曲，从利中见不利。

楚庄王胸有大志，腹有良谋，善于观察分析问题，充分表现出他的远见卓识。从上面举的"楚庄王攻打陈国"例子中可以看出。

楚庄王即位三年，没有发布过一条政令，似乎是"饱食终日，无所用心"，群臣对此忧心忡忡。一次，大夫申无畏请求拜见，楚庄王坐在那里不以为然地问："大夫求见，有何贵干？是想要饮美酒、听音乐，还是有话要和寡人说？"申无畏转变抹角地回答说："我既不是来饮美酒的，也不是来听音乐的。我是有事特来请教大王的。"楚庄王听说，急忙问："是何事？快说与寡人听听。"申无畏说："楚国某地高岗上，栖着一只身披五彩缤纷花纹的大鸟，已历时三年，不飞不鸣，不知是何缘故？"楚庄王笑答道："这不是一般的鸟。三年不动，是为了养长羽翼；不飞不鸣，是为了观察民情。这只鸟不飞则已，一飞冲天；不鸣则已，一鸣惊人；你拭目以待吧！"

三年后，楚庄王开始运用谋略，缓和统治阶级内部矛盾，加强中央集权，发现并任用贤才治国理政，还采取了一系列诸如兴修水利、发展生产、关心民间疾苦等措施，使国势日益强盛，最后终于灭亡中原数国，成为称霸一时的霸主。

应当牢记的做业之略

楚庄王的思维与行为方式，与常人不同，与常理不同，而有自己的特点，趋合于客观实际：当羽翼丰满，民情考察好了之后，开始有所作为,像古书中所讲的那样:"必定先做好周密考虑,先制定好实施措施,再用飞钳术来作为补充手段"。

从大处着眼,才能手到擒来

> **做业的学问**
>
> 善于做业者知道:在处理事情的时候,一味地强调细枝末节,以偏概全,就会抓不住要害问题去做工作,没有重点,头绪杂乱,不知道从哪里下手做起才是正确的。因此无论是用人还是做事,都应注重主流,不要因为一点小事而妨碍了事业的发展。须知金无足赤,人无完人,我们要用的是一个人的才能,不是他的过失,那为什么还总把眼光盯在那过失上边呢?

孔子说:"小不忍则乱大谋。"要做大事,须纵观全局,不可纠缠在小事之中,摆脱不出。《郁离子》中讲了这样一个故事:赵国有个人家中老鼠成患,就到中山国去讨了一只猫回来。中山国的人给他的这只猫很会捕老鼠,但也爱咬鸡。过于一段时间赵国人家中的老鼠被捕尽了,不再有鼠害,但家中的鸡也被那只猫全咬死了。赵国人的儿子于是问他的父亲:"为什么不把这只猫赶走呢?"言外之意是说它有功但也有过。

赵国人回答说:"这你就不懂了,我们家最大的祸害在于有老鼠,不在于没有鸡。有了老鼠,它们偷吃咱家的粮食,咬坏了我们的衣服,穿通了我们房子的墙壁,毁坏了我们的家具、器皿,我们就得挨饿受冻,不除老鼠怎么行呢?没有鸡最多不吃鸡肉,赶走了猫,老鼠又为患,为什么要赶猫走呢?"

这个故事包含了这样一个简单的道理,任何事情有好的一面,自然也有存在问题的一面,但是我们应该看其主流。赵人深知猫的作用远远超过猫所造成的损失,所以他不赶猫走。日常生活之中确实有像赵国人家的猫那样的人,他们的贡献是主要的,比起他们身上的毛病和他们所做的错事来,要大得多。如果只是盯住别人的缺点和问题不放,怎么去团结人,充分发挥人才的积极性呢?

古人把对小节不究看做是一个人能否成大事的关键。他们提倡的是胸怀大局,不纠缠于细枝末节,看重的是人的才干,而不是他的问题。能够宽恕他人的短处和过错,不因为人才有哪一方面的缺陷就放弃使用,这是忍小节的中心内容。所以《列子·杨朱》篇中讲:"要办大事的不计较小事;成就大功业的人,不追究琐事。"

历史上那些明智的统治者正是认识到了这一点,广泛地招贤纳士,集合起天下有智慧的人为自己的统治服务,进而完成自己的雄心壮志。相反,嫉贤妒能,因为别人有一点小问题,就置人才于不用的人则十分愚蠢。

宁戚是卫国人,他在车旁喂牛,敲着牛角高歌。齐桓公见了认为他非同寻常,就打算起用他管理国家。臣子们听说了此事,觉得慎重起见,应该多了解一下有关宁戚的背景,就劝齐桓公说:"卫国距离我们齐国不算远，可以派人去那里打听一下宁戚的情况，如果他果然是个有才德的人，再使用他也不算晚呀！"齐桓公听了以后说："你们所以建议我派人去打听，是怕宁戚有些什么小毛病、小错误而对他不放心的缘故。如果仅仅因为一个人有些小毛病而抛弃他，不使用他的真正的大才，这正是世人失去天下贤士的原因。"随后齐桓公力排众议，提拔重用了宁戚，让他做了上卿。

齐桓公充分认识到作为一个统治者，在用人方面应该看重什么，不应该计较什么，所以他才能不计人才的小毛病，提拔重用了一批有才干的贤士，自己成为霸王。如果相反，不看人才的主流，用条条框框去限制用人，哪一个人能够符合标准被重用呢？

相传子思住在卫国，向卫王推荐荀恋时说："他的才能可以率领500辆战车，可任命他为军队的统帅。如果得到这个人，就会天下无敌。"卫王说："我知道他的才能可以成为统帅，但是荀恋曾经当过小吏，去老百姓家收赋税，吃过人家两个鸡蛋，所以这个人不能用。"子思说："圣明的人选用人才，就好像高明的木匠选用木材，用它可用的部分，抛开它不可用的部分。所以杞树、梓树有一围之大，但有几尺腐烂了，优良的木匠不敢弃它，为什么？那是因为知道它的妨害很小，最后能做成非常珍贵的器具。现在您处在战国纷争的时代，要选取可用之才，只是因为两个鸡蛋就不用栋梁之材，这种事可不能让邻国知道啊！"卫王再一次拜谢说："接受你的指教。"险些因为两个鸡蛋就葬送了一个军事统帅，要不是卫王能够认真听取子思的意见，哪里再去找一个领兵打仗的干将呢？

荀恋的故事给我们以启发，不能因为这么一点小事，就放弃不用具有大才干的人,而任用那些没有问题,也没有才干的人。

应当牢记的做业之略

在历史上和日常生活中,我们都遇见过这样的人,他们看问题往往不注重大局,只拘泥于小节;他们看待人,也不看别人的主流,而是纠缠于一点小过失。所以司马光在《谏院题名记》说:"处在做业之位的人,应当从大处着眼,舍弃细小之事。"这是对每一位欲成大事者的告诫,也是对所有人的告诫。作为统治者从大处着眼,不计较小事小节,能够忍受自己的部下犯错误,宽以待人,才能使他们的智谋为自己所用。

磨炼看准时机的眼力

做业的学问

做业与把握时机相关。看准时机需要眼力,如果没有善于训练自己眼力的习惯,即使金子在眼前,也如同石头。成大事者善于养成这样一个必不可少的习惯:磨炼看准时机的眼力!

有位记者曾同老演员查尔斯·科伯恩进行过一次交谈。记者问的是一个很普通的问题：一个人如果要想在生活中获得成大事，需要的是什么？大脑？精力？还是教育？

查尔斯·科伯恩摇摇头。"这些东西都可以帮助你成大事。但是我觉得有一件事甚至更为重要，那就是：看准时机。"

"这个时机。"他接着说，"就是行动——或者按兵不动，说话——或是缄默不语的时机。在舞台上，每个演员都知道，把握时间是最重要的因素。我相信在生活中它也是个关键。如果你掌握了审时度势的艺术，在你的婚姻、你的工作以及你与他人的关系上，就不必去追求幸福和成大事，它们会自动找上门来的！"

这位老演员是正确的。如果你能学会在时机来临时识别它，在时机溜走之前就采取行动，生活中的问题就会变得大大简化了。那些反复遭受挫折的人经常会对毫不留情的、不怀好意的世界感到泄气，他们几乎永远意识不到：他们一而再、再而三地进行了恰当的努力，但却在不恰当的时机放弃了。

一位家庭关系法庭的审判员在谈到夫妻关系时曾说过这样一段话："哦，这些吵闹不休的夫妻们！他们只要意识到我们每个人都有烦躁不安、情绪低落的时候，这种时候一个人受不了唠叨或批评——即使是善意的劝告！只要夫妻双方肯于了解对方的心情，知道什么时间去诉苦，什么时候去流露感情，这个国家的离婚率就会下降一半。"

良好的风度经常需要的也只是看准合适的时机而已。还有什么比兴致勃勃的谈话被打断更令人扫兴呢？谁没有遇到过一个从来不知道该什么时候离去的不知趣的人呢？这个人会使你觉得像被他纠缠了一辈子似的。

把握合适的时间也可能是做某些出人意料的事情。佐治亚州的一位大夫为一对无子女的夫妻安排好了收养一个婴儿。他在深夜突然给妻子打电话说:"收养证书的一切手续都办好了,让我们一块到医院去,给鲁思和肯尼思抱回这个孩子吧。"

"在这个时候?"他的妻子喊道,"他们根本没想到几天后就会得到一个婴儿,他们会惊慌失措的!"

"哈!"大夫说,"新生儿自愿在深夜诞生——而头一次作父母的人总是惊慌失措的。这样去给他们一个美好而正常的开端。就按我说的这么办吧!"

就这样婴儿在午夜时分"分娩",作父母的兴奋得慌手慌脚,这真是一个令人难忘的开端。

许多人都以为会看时机是一种天分,也就是生来就具备的,就像是具有音乐细胞的耳朵一样。但情况并非如此。通过观察那些似乎有幸具备这种天分的人,你会发现这是一种任何人只要努力留心都能获得的技能。

为了掌握恰到好处地处理时间的艺术,需要牢记五个必要的条件。

1. 要不断地提醒自己,掌握好时间在待人处世上具有重要意义。莎士比亚曾经写道:"人间万事都有一个涨潮时刻,如果把握住潮头,就会领你走向好运。"一旦你明确了"看准时机"的全部重要意义,你就朝着获得这种能力迈出了第一步。

2. 和自己订一项条约,这就是当你被愤怒、恐惧、嫉妒或者怨恨的漩涡所驱使时,千万不要做什么或者说什么。这些情绪的破坏力量可以毁坏你精心建立起来的"观时机制"。古希腊哲学家亚里士多德曾留下一段著名的话:"任何人都会发火的——那很容易;但是要做到对适当的对象,以适当的程度,在适当的时机,为适当的目的,以及按适当的方式发火就不是每个人都能做到的了。这不是一件容易事。"

3. 加强自己的预见能力。未来并不是一本关闭上了的书。大多数将要发生的事都是由正在发生的事所决定的。相对来说,很少有人能通过自觉的努力来设计今后的自己、预测未来的可能性并照此行动。

预见能力在商务中是如此重要,许多公司都把它作为工作取得进展的主要尺度。在管理家务时它也同样是重要的。星期六会不会是到海滩旅游的好日子?最好把现成的冻熟肉和三明治面包放进冰箱里。你寡居的婆婆健康状况是否开始衰退?你最好还是面对她可能搬来与你同住或者安排她到一所私人疗养院去的可能性吧。掌握好审时度势的艺术还包括看准将来事情会向何处发展,明白抓住现在这个时机采取行动去减少将来的麻烦或是在将来能得到好处。

4. 学会忍耐。你不能不信服爱默森所说的"如果一个人将自己置于天分的土壤中,并且坚定不移的话,巨人般的世界也会向他让步。"获取这种耐力没有灵丹妙药,它是一种智慧与自制力的微妙的结合体。但是一个人必须明白,过早的行动往往是欲速则不达。

5. 也是最难的一条,就是学会做一个局外人。我们的每时每刻都是与所有的人共享的,每个人都会从不同的角度去看待周围发生的事情。于是,真正地把握时机就包括以一个局外人的角色去了解其他人是怎样看问题的。

一位大慈善家,已故的新奥尔良市的约翰·迪勃特夫人曾经讲到,一个隆冬的晚上,她翻阅一本杂志时,她的眼睛被一幅漫画吸引住了。

那是两位衣衫不整的老妇人在微弱的火堆旁瑟瑟发抖。"你在想什么？"其中一个问道。另一个回答："我在想，明年夏天那些阔太太们会把一些保暖的衣服给我们的。"

迪勃特夫人是几家医院的赞助者，还是许多慈善事业的捐助者。她盯着这张漫画看了好一会儿，最后，她爬上顶楼，打开衣箱，把厚实的衣物打了好几个捆，准备来日就去分发。她决心将自己的慈善活动安排得更合时宜，正像她提出的"去援助那些燃眉之急的人们"。正如《旧约全书》中所写的："世上万物都有适逢的季节，而尘世间的每一项意图也都有一个合宜的时间。"

应当牢记的做业之略

要想享受成功的人生，你必须学会抓住时机，审时度势。或者说，要想享受自我的生活，你必须学会根据不同时机来做出巧妙的安排，争取做出成功之局。

第三部分 做事之技

问一问自己到底能干什么

> **做事情的学问**
>
> 一个人要掌握做事情之技,必须要对自己有一个相当清楚的了解。每个人都渴望做好自己的事,从而取得人生的成功。相反,如果不能去做自己想做的事,则意味着痛苦。在此,首先要学会问一问自己到底能干什么?这样才能确定你的做事情之技。

你希望自己变成怎样的一个人——大富翁?艺术家?企业家?演说家?手艺超群的厨师?广受欢迎的年轻人?……

每一个人对成功的看法都不一样。每一个人都是独特的——有着不同的需要、希望和价值观,也有着不同的优点。若是我们违背自己的本质,不尊重自己的独特性,那么不论我们怎样努力,我们永远和成功绝缘。

你的本质和你的成功是分不开的。许多人牺牲了自己的本质,去做那些自己不愿意做的事情，这就是他们不能成功的原因。该做老师的人做了企业家，该做企业家的人却跑去当老师；该做管理员的跑去做推销员，做管理员的却是那些该做律师的人，做律师的该做医生，当医生的却该自己创业做老板。

假如你不清楚自己的本质，不明白自己的需要，那么你很可能做出完全和你的需要相反的选择。

你的自我意识包括多方面，包括你对自己的身体状况、社会能力、智力和其他方面的看法，等等。所有这些都和你的生活目标有关。为了扮演自己的角色，你应该集中注意力于有人性的自我意识。

你是否觉得现有的层级组织已经把你变成了一个不健全的人？你了解层级组织对你发展方面的影响吗？你知道你是如何被教育和广告机构造就的吗？如果你对这些问题的答复是肯定的，那么你理想的自我意识就快形成了。

你生活在一个充满破坏性影响的世界里，这些影响时常会侵害到你。如果你有和人性的观点相一致的自我意识，你就能抵制这些影响，使自己的心灵保持宁静，从而选择自己的生活方式。不幸的是，在现代文明中，一种积极的自我意识经常被误认为是顽固蛮干、向上爬、攫取物质财富，等等。而这些恶习若得以极度扩张，就会毁灭个人，进而威胁人类的生存。

为了增强自我意识，不妨一开始就把自己想象成一个人道的人。运用建设性的想法，创造一个自我形象——一个能够决定自己生活的人，一个把自己看作一个不受广告、商业利益和其他事物影响的人。一旦把你的自我意识化为行动，你就变成了真实的自我。你的建设性思想就像生活中的灯塔，使你过着自然与和谐的生活。

真实的、建设性的精神力量，存在于塑造你的命运的创造性思维之中，而你每时每刻的心理行为，又会产生生活中积极变化的力量。若把思维比作一列火车，那么你生活中的理想和欢乐，则全靠这列火车的方向而定。

应当牢记的做事之技

在认准自己的前提下，我们有必要在选择自己所做的事的时候，一定要认真、慎重地想好自己能干什么，不要盲目行事。这就要求你自己问这样一个问题："我到底能干什么？"

一定要做你最喜欢的事

> **做事情的学问**
>
> 每天有许多事可做，但有一条原则不能变，那就是一定要做你最喜欢做的事。很多人在寻找工作的时候，都不知道自己要做什么，或是做一些自己不喜欢做的事。

每个人都必须当机立断，去做自己喜欢做的事情，当知道自己已经走错方向时，就要及时地掉转头，朝正确的方向走，才会达到理想的目的地。如果明知错了还要继续走，最终会一败涂地。

要改变自己目前的状况，要让自己更有自信，要让自己做事更有成效，我们就必须做出更好的决定，采取更好的行动。

很多年前，一位名人讲过一句话："你一定要做自己喜欢做的事情，才会有所成就。"

做你自己喜欢做的事情，其实是很困难的。大多数的人，多半都在做他们讨厌的工作，却又必须逼自己把讨厌的事情做到最好。

他们经常失去了动力，时常遇到事业的瓶颈，而没有办法突破，他们不断地征求别人的意见，却还是照着一般的生活方式进行，凡事没有进展，原地踏步，这些当然不是他们想要的，但是由于种种原因，他们当中却很少有人试着去改变自己的状况。其实，要找出自己真正喜欢的工作，只需要把自己认为理想和完美的工作条件列出来就一目了然了，你就能过创造性的生活。"创造性的生活"就是当你沿着成功之路前行时，你会避开行不通的死路，继续不断地前进。这是最愉快、最有趣的，因为它是在发挥你的创造力。画家的快乐仅在于作画的时刻，而不在于展览会上的展出。我总是奔波在人生的各种道路上：赶往手术室、赶写一本书、赶着治疗伤痕的医药研究或是赶往讲坛去演说。在那个时刻，当我回味往日的成就，同时以希望、理想、信念与决心开创新的明天。

1. 热心能创造奇迹

对每一个人来说，热心是保持青春的重要本钱。只要拥有充分的热诚，每一个人都能青春永驻——内在和外在。不论你有没有意识到，每个人都是热心的，它深藏于我们内心，企图以创造性的行动，达到一生的成功。

人要去发掘自己的热心。它与自信和机会一样，需要自己创造，别人是不能给你的。换句话说，若不心甘情愿的话，没有人能激起你的热心，也没有人能让你热衷于目标的追求。

热心是将思想化为行动，推动你到达目的地的动力。但首先你得有一个想要达到的目标。热心就是信任自己、集中勇气、尽其所能以完成任务、惯于自律、怀着梦想、憧憬未来的胜利。

你能从怀疑、失望、恐惧、挫折、忧虑和猜疑中发觉热心吗？当然不能。这些消极的情绪只能让你走向衰老，如同热心可让你如愿以偿地长葆青春与成功一样。诗人爱默生说过："缺乏热心，就永远不会获得伟大成就。"

2. 了解你自己

每个人的一生中都会遇见许多陌生人。在我们的生活中有一个陌生人每时每刻都陪伴着我们。他比妻子、儿女、父母和朋友更接近我们。这个陌生人，就存在于你心中。你对他十分陌生，那是因为你一点也不认识他。你没有察觉到他的存在，也不知道他的功能。但是，最重要的，你必须更深刻地了解他，如果能够做到，他就会变成你最好的朋友。为了得到真正的快乐，你必须诚恳地与他相处。假如你忽视了他的存在或不了解他，他就会变成最危险的仇敌。

在人的表面之下，还有一个自我心像存在。这个抽象的自我心像，它是你心灵的真面目，规划着你的生活。它与你的心灵连为一体，使你无法逃离。不管你是否了解，这对双胞胎始终控制了你的生命，你的一切作为都得听从它的命令行事。

自我心像就是我们内心的陌生人。它是心灵的跳动，内心的时钟，能否剔除快乐或哀伤的时光，全看自己是否了解它。

假如你想利用往日成功的优点，你必须将信心、勇气和自信运用于目前的工作。这样才能改变或增进你的自我心像。内心的陌生人才会变成你最好的朋友，并且鼓励你迈向尊贵与充实之路。

记住最重要的一点，这个陌生人并不控制你，而是由你控制"他"。能够使他具有创造力与同情心，你就能从有限的生命中，获得更充实的生命。就像拿破仑说的一样："除了自己，没有人能够伤害我。"

3. 对自己负责

林肯任总统时，他的顾问向他推荐一位内阁人员。林肯不同意，当顾问追问原因时，林肯说："我不喜欢这个人的面孔。"顾问对他说："但是这个可怜的家伙是不必为他的面孔负责的。"林肯答道："每个人年过四十之后，就该为他的面孔负责。"于是事情只好作罢。

林肯的意思只是说，四十年的岁月应该在人的面孔上铭刻下许多痕迹——快乐、忧愁、为生存而作的奋斗、错误、悲痛，或因寂寞与失望而生的感受，以及解决问题之决心。由于种种情绪上和精神上的起伏，人们得以变得更明智、更温和、更富同情心。他们能了解自己和他人的需要。他们能表达仁慈与同情，愿意消除怨恨、仇恨、固执，能够对抗无常与孤独。在这种情况下，找到了伟大的自我，脸上留下皱纹又有什么关系？况且皱纹并不长在心灵的面孔上。

应当牢记的做事之技

莎士比亚曾说："对自己要真实。"如此你就可以永远呈现出最美的面孔。这就是说，你只有做适合你的事情，才能有所成就；否则都是违背你的真实所愿，而让自己前功尽弃。

抓住自己的长处开始突破

做事情的学问

> 你的才能就是你的天职。你能做什么？这是你对自己最好的质问。如果一个人位置不当，用他的短处而不是长处来工作的话，他就会在永久的卑微和失意中沉沦。反之，如果选择长处来工作的话，则会发挥无限潜能因而成功。

以下就有几个典型故事印证从长处开始突破的观点：

"瓦特！我从来没有看见过像你这样懒的年轻人。"瓦特的祖母说，"念书去吧，这样你会有用些。我看你有半个小时一个字也没念了。你这些时间都在干什么？把茶壶盖拿走又盖上，盖上又拿走干什么？用茶盘压住蒸汽，还加上勺子，忙忙碌碌。浪费时间玩这些东西，你不觉得羞耻吗？"

幸亏这位老夫人的劝说失败了，全世界都从她的失败中受益不浅。

多年前，有一位男孩愿意牺牲一切，只为了成为一名歌剧演员。他的父母花钱让他上课,就像如今的父母,花钱让小孩上音乐课、舞蹈课一样。但是经过几年的练习之后,他的老师对他是否能成为职业演唱家,不抱任何希望。"孩子,"老师告诉他,"你的声音听起来就像风吹着百叶窗!"

然而,男孩的母亲相信她的孩子。因为她曾经热切参与他的演唱会,每天在房间里倾听他认真练习。因此,她送他到另一位更有经验的老师那儿学习。为了支付儿子的学费,她没钱买新鞋——有时甚至挨饿。这名男孩就是卡罗素,后来他成了那个时代最伟大的男高音——因为他的母亲倾听他的心声,引导他发展天赋。

伽利略是被送去学医的。但当他被迫学习解剖学和生理学的时候,他学习着欧几里得几何学和阿基米德数学,偷偷地研究复杂的数学问题。当他从比萨教堂的钟摆上发现钟摆原理的时候,他才18岁。

英国著名将领兼政治家威灵顿小的时候,连他母亲都认为他是低能儿。他几乎是学校里最差的学生,别人都说他迟钝、呆笨又懒散,好像他什么都不行。他没有什么特长,而且想都没想过要入伍参军。在父母和教师的眼里,他的刻苦和毅力是唯一可取的优点。但是在46岁时,他打败了当时世界上除了他以外最伟大的将军拿破仑。

再也没有比一个人的事业使他受益更大的了。这事业磨炼其肌体,增强其体质,促进其血液循环,敏锐其心智,纠正其判断,唤醒其潜在的才能,迸发其智慧,使其投入生活的竞赛中。

从这些典型例子中我们可以得出:在选择职业时,你不要考虑怎样赚钱最多、怎样最能成名,你应该选择最能使你全力以赴的工作,应该选择能使你的品格发展得最坚强和最善团结人的工作,应该选择最能让你发挥无限潜能的工作。

蒸汽机车的发明者史蒂芬逊有八个兄弟姐妹，小时候穷得全家都挤住在一个房间里。史蒂芬逊只好去给邻居放牛。但一有时间，他就用黏土、空心树枝做管子，制造蒸汽机模型。17岁时，他真的装成了一部蒸汽机，还让他父亲帮他烧火做试验。史蒂芬逊没有机会读书，机器就是他的老师，而他是机器非常用功的学生。当同龄人在假期游玩、逛酒吧间的时候，他却在洗机器、研究和做实验。当他作为一个伟大的发明家和蒸汽机的改进者闻名于世的时候，那些游手好闲的人又都羡慕他了。

颁布奴隶解放令的美国第16任总统——林肯，在年轻的时候，曾经借着炉子的火光来学习数学和语法，曾经为买一些书走70公里的路。他既没有得到过什么遗产，也没有碰到过什么特别的好运气。他之所以有出色的前途和作为，正是因为他有那不屈不挠的意志和正直的气质。

美国第17任总统——安德鲁·约翰逊，小时候是裁缝店的学徒，从来都没有上过学。但正是这样一个生在小木屋、没有读过书、没有良好境遇的孩子，在美国内战期间担任了总统。他以其丰富的实践经验赢得了全世界的赞扬，切实解放了400万的奴隶。

在世界最伟大的英雄和功臣中，有许多出身贫寒，他们一如既往地与命运作斗争，积累了自己的才能。每一个青年，无论他出身贫贱还是高贵，如果他有一个坚定正确的目标，稳步前进，那么，无论是人还是魔鬼，都不能阻止他的前进。

做出选择时一定要慎重——你可能会自食其果的。

艰苦的选择，如同艰苦的实践一样，会使你全力以赴，会使你更有力量。躲避和随波逐流是很有诱惑力的，但有一天回首往事，你可能意识到：随波逐流也是一种选择——但决不是最好的一种。

应当牢记的做事之技

你的生活不是试跑，也不是正式比赛前的准备活动。生活就是生活。不要让生活因为你的不负责任而白白流逝。要记住，你所有的岁月最终都会过去的，只有做出正确的选择，你才配说你已经度过了这些岁月。

用积极的心态对待得失

做事情的学问

人生总有得与失，对待得失，关键是要调整自己，从而保持积极的心态。积极心态要求你在生活中的一时一事中学会积极的思想，积极思想是一种思维模式，它使我们在面临恶劣的情形时仍能寻求最好的、最有利的结果。换句话说，在追求某种目标时，即使举步维艰，仍有所指望。事实也证明，当你往好的一面看时，你便有可能获得成功。积极思想是一种深思熟虑的过程，也是一种主观的选择。

那么什么是积极的心态呢？让我们看看下面的几个例子吧！

比尔被解雇了。他是突然被炒鱿鱼的，而且老板未作任何解释，唯一的理由是公司的政策有些变化，现在不再需要他了。更令他难以接受的是，就在几个月以前，另一家公司还想以优厚的条件将他挖走，当时比尔把这事告诉了老板，老板极力地挽留他说："比尔，我们更需要你！而且，我们会给你一个更好的前景。"

而现在比尔却落到了如此结局，可想而知他是多么痛苦。一种不被人需要、被人拒绝以及不安全的情绪一直缠绕着他，他不时地徘徊、挣扎，自尊心深受损害，一个原本能干而有生机的比尔变得消沉沮丧、愤世嫉俗。在这种心境下，比尔怎么可能找到新的工作呢？

在这种情形下，正是积极心态的力量发挥了最佳功效，使他重新找到了自己。

有一天，他无意中翻出《积极思考的力量》这本书。看过一遍后，开始思考，他目前这种状况是否也存在一些积极的因素呢？他不知道，但他发现了许多消极负面的情绪，这些负面因素是使他一蹶不振的主要原因。他也意识到一点，要想发挥积极思想的作用，自己首先必须做到一点——排除消极的情绪。

没错！这便是他必须着手开始的地方。于是他开始改变思维方式，摒除消极的情绪，代之以积极的思想，使自己心灵复苏。他开始有规律地祷告："我相信这一切都是上帝的安排，我被解雇，相信也是如此。我不再抱怨自己的遭遇，只想谦卑地请问上帝，这事究竟如何？"一旦他开始相信所发生的一切事情都确有其因之后，他不再对老板愤懑不已，他认为，如果自己身为老板，也许会不得不如此。当他如此考虑之后，自己的整个心态完全变了，他又找到了自己的工作。

为什么积极的心态会产生如此大的力量呢？其实，积极的心态并不具有一种神奇的魔力，可以无中生有，给失业者变出一个工作，而是一切都有迹可循，最终还得靠我们自己。当比尔心中充斥着不满、怨气和仇恨时，他怎么可能尽心尽力地去找工作。倘若他遇到朋友时，仍然怨天尤人，闪烁其词，你想他的朋友会认为他是个适当的人选而大力向人推荐吗？所以，比尔后来的转机一点也不出人意料。他只不过是及时调整了自己的心态，改变了自己的思考和行为方式，而且实事求是地分析了事实。

因此积极心态指的是，在看待事物时，应考虑生活中既有好的一面，也有坏的一面，但强调好的方面，就会产生良好的愿望与结果。当你朝好的方面想时，好运便会来到。积极心态是一种对任何人、情况或环境所把持的正确、诚恳而且具有建设性的思想、行为或反应。积极心态允许你扩展你的希望，并克服所有消极心态。它给你实现你欲望的精神力量、感情和信心。

应当牢记的做事之技

积极心态是当你面对任何挑战时应该具备的"我能……而且我会……"的心态。积极心态是迈向成功不可缺的要素，积极心态是成功理论中最重要的一项原则，你可将这一原则运用到你所做的任何工作上。

在人生规划图上精打细算

> **做事情的学问**
>
> 人世间各式各样的"人"的系统也有同样机能、同样特征。当目标设定以后,人的"自我动机确立系统"立即开始"监视"与目标有关的反馈信号,并对意识下的"自动机"装置里的"自我形象"进行调整,同时下达实际目标所需要的各种"决定"。如果制定计划的意图含糊不清,或者选定的目标过分脱离实际,那么"人"的系统就会寻来找去,徘徊不定,白白消耗自己,甚至自我灭亡。

曾有人巧妙地把人比喻为一条船。在人生海洋中,大约有95%的船是无舵船。他们总是漫无目的地漂泊,面对风浪海潮的起伏变化,他们束手无策,只有听其摆布,任其漂流。结果他们要么触岩,要么撞礁,以沉没而告终。

还有约5%左右的人,他们有方向、目标,又研究了最佳航线,同时学习了航海技巧。这些船从此岸到彼岸,从此港到彼港,有计划地行进。那些无舵船一辈子航行的距离,他们只要两三年就达到了。他们像现实中的船长一样,既熟知下一个停泊或通过的港口,也深知航船的目的地。即使航行的目的地暂不明确(譬如探险航行),也能清楚地知道目标的特性、目的地上应有什么和现在航行在什么水域。如果出现狂风巨浪，或者其他意想不到的天灾人祸，他们不会慌张，因为他们知道，只要把应做和能做的都做到，那么抵达目的地就是确定无疑的事。

人生需要仔细规划，没有仔细规划的习惯，只能使自己每天过粗糙的生活。成大事者的习惯之一是善于在自己的人生规划图上精打细算！

曾经有两名瓦工，在炎炎烈日下辛苦地建筑一堵墙，一名行路人走过，问他们："你们在干什么？"

"我们在砌砖。"一个人答道。

"我们在修建一座美丽的剧院。"他的同伴回答。

后来，将自己的工作视为砌砖的瓦工砌了一生的砖，而他的同伴则成了一位颇具实力的建筑师，承建了许多美丽的剧院。

为什么同是瓦工，他们的成就却有着如此巨大的差别？其实，我们从他们两人不同的回答中，已经可以看到他们之间不同的人生态度——前者把工作仅仅当成工作而已，后者则把工作当作一种创造；前者在那儿只知道把一块块砖砌到墙上去，别的一概不知不问，后者不仅是在把砖砌到墙上去，而且他的目的很明确，要修建一座美丽的剧院。

两个人在做同样的工作，一个有目标，一个无目标，这就是造成两人成就不同、命运迥异的根本原因。

有一位哲人说过："最蹩脚的建筑师从一开始就比最灵巧的蜜蜂高明的地方，是他在用蜂蜡建筑蜂房以前，已经在头脑中把它建成了。"

这种对自己的未来进行设计、规划的过程就是事业目标策划的过程。

目标不但使我们的行动有依据，人生有意义，还能激励我们的斗志，开发我们的潜能。

这仿佛是个定律。在人生的前方设定一个目标，并且把它不仅当作是一个理想，同时也把它当作是一个约束，就像跳高，只有设定一个高度目标，才能跳出好成绩来。

"人"的基本行动系统，在"设计阶段"就被确定是"目标探求型"的系统。它的基本部分似乎与自动诱导鱼雷系统或自动操纵装置系统类似。例如，一旦确定了目标，自动推进系统就自动跟踪目标地区的反馈信号，随时调整和修正航海诱导计算机设定的路线，决定击中目标前一切必要的即时行动。

人生的败者在其一生中从未达到过自我解放，从未做过给自己以人身自由的决断。即使在最自由的社会里，他们也不敢决定自己的人生如何度过。他们去工作是为了看看世上又发生了什么事情。他们宝贵的时间和精力，都浪费在观看别人如何实现自己的目标上了。

人生的成功者往往从起步时就有了生活目标。应成为一个什么样的人？将誓死捍卫的是什么？当自己离世以后，能为后者留下些什么？——成大事者思索，并且明达。

成大事者很清楚，按阶段有步骤地设定目标是如何重要。"五年计划"，"一年计划"，"六个月达标"，"本年度夏季运动会的目标"等等。然而，成大事者之所以成为成大事者，最重要的原则——成大事是在一分一秒中积累起来的。

成大事者每天的目标，至少要在前一天的傍晚或晚间制定出来，还要为第二天应该做到的事情排出先后顺序，至少要写出六个以上的明确顺序的内容。于是，第二天清晨醒来，他们就按着事情的顺序，一一去身体力行。

每天结束时，他们再次确认这张目标表。完成的项目用笔划去，新的项目追加上去，一天内尚未完成的，顺推到下一天去。

一个成大事的目标，对自己和家庭，从现实到长远利益都应是周全的。

目标，应该是明确的。怎样才能进行积极的"目标设定"呢？其秘诀就在于明确规定目标，将它写成文字妥为保存。然后仿佛那个目标已经达到了一样，想象与朋友谈论它，描绘它的具体细节，并从早到晚保持这种心情。

海上行舟与我们的人生何其相似。在人生的海洋上，流逝的时间像吹到船上的风，扬起风帆的船只有我们自己。周围发生的一切，都无法代替我们去驾驭那只属于我们自己的小船。

应当牢记的做事之技

别忘记牢牢地把稳你的船舵。制订了计划，势必推进它而不摇摆拖曳。一天有一天的目标，即刻行动起来！对确立的目标，坚定不移地执行到底。只要你能够这样每天"彩排"一遍，潜在意识就能自然接受它，使你一天天向理想的目标迈进。外国有句谚语："有一天好好思考，胜过一周的蛮干徒劳。"

别为小事心烦

> **做事情的学问**
>
> 做事情不能为小事而心烦,因为小事会乱了你的心情,妨碍你做大事。这一点是要切记的。有些人因小事而乱了自己的方阵,故最后把自己的心情弄得一塌糊涂。

小说家卡尔森在他的书中讲了一个让人你终生难忘、很富戏剧性的故事。故事的主人公叫罗勒·摩尔。

"1945年3月,我学到了我这一生中最重大的一课。"他回忆道。

我是在中南半岛附近276尺深的海底下学到的。当时我和另外87个人一起在贝雅S·S·318号潜水艇上。我们通过雷达发现,一小支日本舰队正朝我们这边开过来。在天快亮的时候,我们升出水面发动攻击。我从潜望镜里发现一艘日本的驱逐护航舰、一艘油轮和一艘布雷舰。我们朝那艘驱逐护航舰发射了三枚鱼雷,但是都没有击中。那艘驱逐舰并不知道它正遭受攻击,还继续向前驶去,我们准备攻击最后的一条船——那条布雷舰。突然之间,它转过身子,直朝我们开来(一架日本飞机,看见我们在20米深的水下,把我们的位置用无线电通知了那艘日本的布雷舰)。我们潜到45米深的地方,以避免被它侦测到,同时准备好应付深水炸弹。我们在所有的舱盖上都多加了几层栓子,同时为了要使我们的沉降保持绝对的静默,我们关了所有的电扇、整个冷却系统和所有的发电机器。

　　三分钟之后，突然天崩地裂，六枚深水炸弹在我们四周爆炸开来，把我们直压到海底——深达85米的地方。我们都吓坏了，在不到300米深的海水里，受到攻击是一件很危险的事情——如果不到500英尺的话，差不多都难逃劫运。而我们却在不到152米一半深的水里受到了攻击——要照怎么样才算安全说起来，水深等于只到膝盖部分。那艘日本的布雷舰不停地往下丢深水炸弹，攻击了15个小时。要是深水炸弹距离潜水艇不到5米的话，爆炸的威力可以在潜艇上炸出一个洞来。有十几二十个深水炸弹就在离我们16米左右的地方爆炸，我们奉命"固守"——就是要静躺在我们的床上，保持镇定。我吓得几乎无法呼吸："这下死定了。"电扇和冷却系统都关闭之后，潜水艇的温度几乎有一百多度，可是我怕得全身发冷，穿上了一件毛衣和一件带皮领的夹克，可是还要冷得发抖。我的牙齿不停地打战，全身一阵阵地冒着冷汗。攻击持续了15个小时之久，然后突然停止了。显然那艘日本的布雷舰把它所有的深水炸弹都用光了，就驶离开去。这15个小时的攻击，我感觉上就像有一千五百万年之久。我过去的生活都一一在我眼前映现，我记起了以前所做过的所有的坏事，所有我曾经担心过的一些很无稽的小事情。在我加入海军之前，我是一个银行的职员，曾经为工作时间太长、薪水太少、没有多少升迁机会而发愁。我曾经忧虑过，因为我没有办法买自己的房子，没有钱买部新车子，没有钱给我太太买好的衣服。我非常讨厌我以前的老板，因为他老是找我的麻烦。我还记得，每晚回到家里的时候，我总是又累又难过，常常跟我的太太为一点芝麻小事吵架；我也为我额头上的一个小疤——是一次车祸里留下的伤痕发愁过。

多年前，那些令人发愁的事看起来都是大事，可是在深水炸弹威胁着要把我送上西天的时候，这些事情却显得多么的荒谬、微小。就在那时候，我答应我自己，如果我还有机会再见到太阳跟星星的话，我永远永远不会再忧虑了。永远不会！永远不会！永远也不会！在潜艇里面那可怕的15个小时，我所学到的，比我在大学念了四年的书所学到的远要多得多。

我们通常都能很勇敢地面对生活里面那些大的危机——可是，却会被这些搞得垂头丧气。比方说，撒母耳·白布西在他的"日记"里谈到他看见哈里·维尼爵士在伦敦被砍头的事：在维尼爵士走上断头台的时候，他没有要求别人饶他的性命，却要求刽子手不要一刀砍中他脖子上那块有伤疤的地方。

有一条大家都知道的法律上的名言："法律不会去管那些小事情。"一个人也不该为这些小事忧虑，如果他希望求得心理的平静的话。

在多数的时间里，要想克服一些小事所引起的困扰，只要把看法和重点转移一下就可以了——让你有一个新的，能使你开心一点的看法。荷马·克罗伊是个写过好几本书的作家，他为我们举了一个怎么样能够做到这一点的好例子。以前他写作的时候，常常被纽约公寓热水灯的响声吵得快发疯。蒸气会砰然作响，然后又是一阵嗞嗞的声音——而他会坐在他的书桌前气得直叫。

"后来，"荷马·克罗伊说，"有一次我和几个朋友一起出去露营，当我听到木柴烧得很响时，我突然想到：这些声音多么像热水灯的响声，为什么我会喜欢这个声音，而讨厌那个声音呢？回到家以后，我跟自己说：'火堆里木头的爆裂声，是一种很好听的声音，热水灯的声音也差不多，我该埋头大睡，不去理会这些噪声。'结果，我果然做到了：头几天我还会注意热水灯的声音，可是不久我就把它们完全忘了。"

狄士雷里说过："生命太短促了，不能再只顾小事。"

安德烈·摩瑞斯在《本周》杂志里说："这些话，曾经帮我挨过很多痛苦的经验。我们常常让自己因为一些小事情、一些应该不屑一顾和忘了的小事情弄得非常心烦……我们活在这个世上只有短短的几十年，而我们浪费了很多不可能再补回来的时间，去愁一些一年之内就会被所有的人忘了的小事。不要这样，让我们把我们的生活只用在值得做的行动和感觉上，去想伟大的思想，去经历真正的感情，去做必须做的事情。因为生命太短促了，不该再顾及那些小事。"

平锐克里斯在两千四百年前说过："来吧，各位！我们在小事情上耽搁得太久了。"一点也不错，我们的确是这样干的。

下面是哈瑞·爱默生·傅斯狄克博士所说的故事里最有意思的一个——有关森林中的一个"巨人"在战争中怎么样得胜、怎么样失败。

"在科罗拉多州长山的山坡上，躺着一棵大树的残躯。自然学家告诉我们，它曾经有四百多年的历史。初发芽的时候，哥伦布才刚在美洲登陆；第一批移民到美国来的时候，它才长了一半大。在它漫长的生命里，曾经被闪电击中过十四次；四百年来，无数的狂风暴雨侵袭过它，它都能战胜它们。但是在最后，一小队甲虫攻击了这棵树，却使它倒在了地上。那些甲虫从根部往里面咬，渐渐伤了树的元气。这一个森林里的'巨人'，岁月不曾使它枯萎，闪电不曾将它击倒，狂风暴雨没有伤着它，却因一小队可以用大拇指跟食指就捏死的小甲虫而终于倒了下来。"

应当牢记的做事之技

我们岂不都像森林中的那棵身经百战的大树吗？我们在经历过生命中无数狂风暴雨和闪电的打击后，都撑过来了，可是却会让我们的心被忧虑的小甲虫咬噬——那些用大拇指跟食指就可以捏死的小甲虫。因此千万别为小事烦恼！

激发接受挑战的潜能

> **做事情的学问**
>
> 做事情就要挑战自己的潜能。哲学家尼采认为，优秀杰出的人"不仅忍人所不能忍，并且乐于进行这种自我挑战"。越研究那些有成就的人，越使人深信一点，他们的成功大部分是因为某种缺陷激发了他们的潜能。美国著名心理学家威廉·詹姆士曾说："我们最大的弱点，也许会给我们提供一种出乎意料的助力。"

潜能的力量有多大？古罗马大诗人弥尔顿如果不是失去视力，可能写不出如此精彩的诗篇。贝多芬则可能因为耳聋才得以完成更动人的音乐作品。海伦·凯勒的创作事业完全是受了耳聋目盲的激发。

如果柴可夫斯基的婚姻不是这么悲惨，逼得他几乎要自杀，他可能难以创作出不朽的《悲怆交响曲》。

托尔斯泰与陀思妥耶夫斯基都是因为本身命运悲惨，才能写出流传千古的动人小说。

达尔文，这位改变人类科学观点的科学家说："如果我不是这么无能，我就不可能完成所有这些我辛勤努力完成的工作。"很显然，他坦承自己受到过弱点的刺激。

在达尔文在英国诞生的同一天，在美国阿肯色州的小木屋里也诞生了一位婴儿。他也是受到过自己缺陷的激发，他就是亚伯拉罕·林肯。如果他生长在一个富有的家庭，得到哈佛大学的法律学位，又有圆满的婚姻，他可能永远不能在葛底斯堡讲出那么深刻动人、不朽的词句，更别提他连任就职时的演说——这可算得上是一位统治者最高贵优美的情操，他说："别人无恶意，常怀慈悲于世人……"

佛斯狄克在其著作中提到："有一句斯堪的纳维亚地区的俗语说——冰冷的北极风造就了因纽特人。我们什么时候相信人们会因为舒适的日子，没有任何困难而觉得快乐？刚好相反，一个自怜的人即使舒服地靠在沙发上，也不会停止自怜。反倒是不计环境优劣的人常能快乐，他们极富个人的责任，从不逃避。我要再强调一遍——坚毅的因纽特人是冰冷的北极风造成的。"

如果我们真的灰心到看不出有任何转变的希望——这里有两个我们起码应该一试的理由，这两个理由保证我们试了只有更好，不会更坏。

第一个理由：我们可能成功。

第二个理由：即使未能成功，这种努力的本身已迫使我们向前看，而不是只会悔恨，它会驱除消极的想法，代之以积极的思想。它激发创造力，促使我们忙碌，也就没有时间与心情去为那些已成为过去的事忧伤了。

世界著名的小提琴家欧尔·布尔在巴黎的一次音乐会上演奏时，忽然小提琴的 A 弦断了，但他面不改色地以剩余的三根弦奏完全曲。佛斯狄克说："这就是人生，断了一根弦，你还能以剩余的三根弦继续演奏。"

这还不只是人生，这是挑战人生。

每个人对他自己所具有的最大能力，并不完全知道。只有面临挑战自己——等到大的灾难、大的变故降临到他的头上，或是重大的责任降临到他肩上时，他的最大能力才会完全地施展出来。

一切平凡的工作，比如田间劳动、在制革场中工作、贩运木材、做店员、在市镇中做临时工，都不足以唤起格兰特将军心中潜伏着的睡狮；甚至连西点军校和墨西哥战争，都不能把它唤起。如果没有美国内战的爆发，也许格兰特将军的盛名不会为人所知，也不能流传后世。

在格兰特将军的身体里，有着一种极大的力量，但是一直到美国内战爆发，才激发出他的全部潜能。

又比如说林肯，他内在的伟大力量，也不是种地、伐木、做测量员、管理店务、做执照律师所能激发的，甚至做美国的国会议员也不能激发，而直到国家危急，他担当起伟大的责任后，才激发了他那巨大的力量，使他成为美国历史上无可匹敌的大英雄。

历史上还有不少这样的例子，有一些杰出人物等到了丧失一切的境地，才激发出勇气来找生命的出路，或是等遇到了极大不幸与灾祸，甚至到了绝望而进退两难的境地，才会竭尽全力来打开新的出路。

伟大人物是由需要创造出来的，这些人为了战胜一切困难，为了克服种种艰苦，才发挥出他们极大的力量，成了名垂史册的人物。

美国历史上，有许多杰出的商界人物一开始所做的事，一点也没表现出他们与众不同的才能，直到厄运毁灭了他们的产业，剥夺了他们赖以生存的拐杖后，他们体内真正的力量才被完全激发出来。

许多男男女女，只有到了帮助自己的外力失掉后，只有到了在他们的生命中所认为的最宝贵的东西丧失后，只有到了他们的一切被剥夺后，他们才发现自己的真正才能。人的真正力量，往往潜伏在身体里面，而只有巨大需要的压力，才会使其完全激发出来。

人只有到了前无去路、后有追兵的时候，一切的外援都已丧失，才会发掘出全部的内在力量。而当一个人能够依靠外力扶助的时候，他是绝对不会知道自己的真正力量。许多青年人之所以成功，竟然要归功于厄运，或是扶助他们的外力的断绝，比如亲属的死亡或失散；或是职业的丧失；或是灾祸的降临。于是他们只有自立自助，被迫去为自己奋斗！因为失去了生活的依靠，被迫奋斗的年轻人，便养成了勇毅果敢的独立作风，而人在依赖外界的扶持时，是绝对梦想不到会获得这种独立性的。

责任是最足以激发我们力量的东西。从来没有担当过负责职位的人，决不会激发他那真正的力量。有许多身体强健的青年，却处在十分卑微、受人管束的地位，他们之所以老是处于这样的地位，其原因就在于，从来没有重大的责任交付与他们担当，这就无法激发他们最伟大的内在力量。于是，他们只是依照着人家所规划的去做，从不想别出心裁，来表现自己的才能。

应付困难的能力和创造事业的才能，都只有在重大的责任压力下才会激发出来。认为"有什么便表现什么"的人生哲学，不知贻误了多少年轻人。在身体里面潜伏着的巨大能力，可能会发泄出来，也可能不会发泄出来，而这完全取决于你的环境是否能激发你的能力。没有相应的环境，即使有最大的雄心和自信力，也未必会发挥最大的才能。

应当牢记的做事之技

把重大的责任放在一个人的肩头，并迫使他走入绝境，这样情势的要求自然会把他全部的力量发挥出来。这可以促使他振奋精神，运用自己固有的能力，来完成任务。同时，其他的优良品质，比如自信、坚韧等等，也往往因责任而养成。所以，读者朋友，如果重大的责任降临到你的身上，愉快地欢迎吧，它是你挑战自己走向成功的绝好机会。

敢于在风险中求胜

> **做事情的学问**
>
> 精明的人能谋算出风险的系数有多大,此外做好应付风险的准备,则可以胜算。勇于风险中求胜,你就能比你想象的做得更多更好。在勇冒风险的过程中,你就能使自己的平淡生活变成激动人心的探险经历,这种经历会不断地向你提出挑战,不断地奖赏你,也会不断地使你恢复活力。

美国地产商人希尔顿在他的自传《希尔顿冒险》里指出:致富秘诀,在于"大胆创新,眼光独到"。譬如说,地产市场我看好,别人看坏,事实证明是好,我能发大财;反之,我看好,别人看坏,事实证明是坏,我便要受大损失,甚至破产;如果大家都看好,我也看好,事实证明是对了,则也仅仅能餬胡口而已。

世界的改变、生意的成功,常常属于那些敢于抓住时机,适度冒险的人。有些人很聪明,对不测因素和风险看得太清楚了,不敢冒一点险,结果聪明反被聪明误,永远只能"餬胡口"而已。实际上,如果能从风险的转化和准备上进行谋划,则风险并不可怕。

茫茫世界风云变幻,漠漠人生沉浮不定,而未来的风景却隐在迷雾中,向那里进发,有坎坷的山路,也有阴晦的沼泽,深一脚浅一脚,虽然有危险,但这却是在有限的人生中通往成功与幸福的捷径。

但世界上大多数人却不敢走这条冒险的捷径。他们熙来攘往地拥挤在平平安安的大路上，四平八稳地走着，这路虽然平坦安宁，但距离人生风景线却迂回遥远，他们永远也领略不到奇异的风情和壮美的景致。他们平平庸庸、清清淡淡地过了一辈子，直到走到人生的尽头也没有享受到真正成功的快乐和幸福的滋味。他们只能在拥挤的人群里争食，闹得薄情寡义也仅仅是为了填饱肚子，穿上裤子，养活孩子。而这，岂不也是一种风险吗？

而且，这是一种难以逃避的风险，是一种越来越无力改善现状的风险。所以，生命运动从本质上说就是一次探险，如果不是主动地迎接风险的挑战，便是被动地等待风险的降临。

唯有带着沉重的风险意识，敢于怀疑和打破已往的秩序，通过风险而取得胜利后，才能享受到人生的最高喜悦。现代人强烈地追求这种境界而不安于过一种平平常常、千篇一律的生活。

新的生存方式、理想的生存方式就潜伏在现时的平常的生存方式之中，只有具备探险的勇气才能发现它。在你的身上，本来具备着打破旧的生活格局而迎来新的生活格局的巨大潜能，可是它被现时的平庸的作为掩盖着，只有具备风险意识，无所畏惧，勇于探索和实践，你的潜能才能发挥出来。完全地展示了自己的才能，实现了自己追求的人，才能领略到人生的最高的喜悦和欢愉，所有懦夫，都不可能领略到。

应当牢记的做事之技

你的才华，你的能力，只有通过风险，通过克服一道道难关才能锻炼和展现出来。而安于现状不思进取的人、没有危机感的人、不愿参与竞争和拼搏的人，则首先由于其思想意识的懒散而导致思维呆滞、反应迟钝。

不图虚名，以追求实效为第一

> **做事情的学问**
>
> 图虚名者是获得不了大胜的人生的，因为虚名误事，不少有权有势之人就是因为好大喜功而落到身败名裂的境地。敢于直言的魏征不图虚名，追求为百姓办实事，出实效，切实为大家的利益考虑，因而办起事来就能得到大家的帮助。

唐初安定社会秩序的重要政策，经济上推行"均田制"和"租庸调法"，军事上实行"府兵制"。为了尽快恢复生产，太宗多次下令免除百姓的赋税劳役。他还特别注意减轻刑罚，让老百姓在比较缓和的社会气氛中生活。这在古代称作为"慎刑"。

隋朝立国之初，文帝制定的法律是比较宽平的。到炀帝时则使用严刑峻法强化统治，结果弄得"民不堪命"，四处起来造反。唐高祖在位时制定的法律，基本恢复了隋初的宽平。唐太宗特别注意吸取隋亡的教训，下令对法律再加修订，有些条文进一步改重为轻，原来规定判处绞刑的某些罪,改为流放服劳役;判处斩首的罪人,要由宰相和六部尚书讨论决定,须经过五次复奏才可执行,以免出现错杀冤狱。"死者不可再生,用法务在宽简。"这是太宗规定的立法和执法原则。

但是,李唐皇族本乃世代武臣,太宗本人年少时长于骑射而不精学业,带兵打仗恃勇斗狠,英武过人,称帝后也还是容易激动使气,常因一时喜怒而滥行赏罚。他也自知这样做的后果,因而多次要求大臣注意向他提醒。

贞观初年,濮州(今山东鄄城北)刺史庞相寿因为贪污被人告发,受到追赃和解职处分。他因自己是秦王府旧人,就向太宗求情,希望能得到宽大处理。太宗派人传话说:"你是朕的旧部下,贪污大概是因为穷迫,朕送你100匹绢,你继续当刺史,今后自己可要检点才好。"这显然是越法而徇私情。魏征知道此事后,立即进谏批评道:"庞相寿贪污违法,不加追究,还要加以厚赏,留任原职,就因为他是陛下的旧人。而他也并不以自己贪污为罪过。陛下为秦王时旧人众多,如果他们都学这个样子贪赃枉法,就会使廉洁的官员感到害怕,影响吏治的清明。"太宗看过奏章,不得不改正对庞相寿的宽纵处理。

贞观六年(632年)三月,太宗行幸九成宫。返回时,随从的宫女先行,住在围川县(今陕西扶风)的官舍中。仆射李靖和侍中王随后到达,地方官员让宫女移住别处,腾出官舍让李靖等人住宿。太宗知道后生了气:"难道让这些人作威作福,为何轻视朕的宫人!"下令要查办地方官员。魏征劝阻道:"李靖和王都是陛下的亲信大臣,宫人不过是皇家的奴仆。大臣到地方府县,官员要向他们请教朝廷的法度;大臣回到京城,要向陛下奏告百姓疾苦。官舍本来就是大臣会见地方官员的处所,地方官员也不能不去拜见大臣。至于宫人，她们除了供役之外，并不接待来访者。如果因此而查办县中官吏，就会使天下人感到惊讶。"太宗一听，立即省悟，就按下这件事不再过问。

不久，长乐公主要成婚，太宗因她是长孙皇后所生，准备办一份丰厚的嫁妆，比当年他的妹妹永嘉长公主（李渊之女）增加一倍。魏征知道后又进谏道："这不可以。当年汉明帝封皇子时说，我的儿子怎能跟先帝的儿子比。封的县数比光武帝的儿子、明帝自己的弟弟少一半。史书上将这事当作美谈。当今皇上的女儿称公主，姐妹称长公主，既然加了一个'长'字，就是表示尊崇的意思。感情尽可以有深有浅，但礼法却不能超越。陛下现在这样的做法，与汉明帝比起来，恐怕是大大的不如吧！"太宗接受了魏征的意见，长孙皇后也表示同意，并派人送钱40万、绢400匹，作为对魏征的赏赐。

曾在隋朝任官的郑仁基有个女儿，容貌美丽又富有才学，长孙皇后奏请把她聘为充华（后妃名号之一），太宗同意后，下了册封的诏书。魏征知道郑家小姐已经许配了夫家，就进谏劝阻道："陛下身居楼阁之中，就应希望天下百姓有安身之屋；陛下吃着精美食物，就应希望百姓也饱食不饥；陛下看看左右妃嫔，就应希望天下男女及时婚配。现在，郑家女儿已经和人订婚，陛下却要将她纳入宫中，就难道合乎为人父母的心意吗？"太宗一听，立即表示自责，决定停止册封。但有人提出，郑家小姐并未出嫁，而且诏书已下，不宜中止。和郑家姑娘订婚的陆爽本人也上表说：他和郑家并无婚约，是别人不清楚在乱讲。太宗再次征求魏征的意见。魏征如实指出："这是陆爽心里害怕陛下以后会找他的麻烦，才违心上表的。"于是，太宗重又下了一道敕令："今闻郑家之女，先已受人礼聘，前出文书之日，未详审事实。此乃朕的不是。"果断地收回册封诏命。

瀛洲刺史卢祖尚被改任交州（今越南北部）都督，受命后又反悔，以身体有病不愿前往。太宗派人去劝说，又亲自面谈动员，卢祖尚仍不肯赴任。太宗一怒之下，将其处死。事后太宗感到后悔，觉得没有依法处置，太过分了。后来，他与大臣议论北齐皇帝高洋，魏征借此话题批评太宗说："高洋嗜酒昏狂，残暴淫乱，这是人所共知的。但他也有一点长处，在和大臣讨论政事时，如果自觉理亏，也还能接受别人的意见。"太宗听出其中话意，自责道："卢祖尚抗旨固然有罪，但依法不至于处死。朕一时发怒便杀了他，看来连高洋也不如了。"

知错能改，这是唐太宗被后世称颂为"明君"的一大优点。不过，明君还须"贤相"辅佐。唐朝时的尚书省、中书省和门下省的长官，都是正式的宰相，是替皇帝出谋划策，协助处理国政的关键性人物。

贞观六年（632年）五月，魏征检校（非正式任命）侍中，并进封郡公（爵位第四等）。第二年三月，他正式升任侍中。这是中书省的长官，掌管审查诏令和国家大典的礼仪等政务。这时，尚书省积压了一些久未解决的案件，太宗让魏征去负责处理。魏征对于法律条文不甚熟悉，但他注意从案情事实出发，按情理办案。结果，大臣们都认为处理得当，表示满意。

一天，太宗与大臣议论司法审狱，魏征说道："隋朝时曾有盗贼发生，炀帝命于士澄去办案。于士澄一下子抓了两千多人，有一点嫌疑就严刑拷问，屈打成招。炀帝下令全部斩首。大理丞张元济感到其中有问题，就详查案情，结果发现只有五个人是真正的盗贼，其余都是安分百姓。但是害怕炀帝的暴虐，不敢如实上奏。"太宗听了说："这不光是炀帝无道，臣下也没有尽忠职守。君臣如此，何能不亡国家。诸公应当引以为戒。"

应当牢记的做事之技

做事情不能图虚名，不能摆花架事，而要以追求实效为第一，这样才是真正的做事精神。

应对难题要有狠招

> **做事情的学问**
>
> 常言道："子系中山狼，得志便猖狂"。有些人一旦得志将会祸患无穷。为了根除后患，最好能在他尚未得势时便得而治之，绝不手软。一位伟人曾经这样说过：对对手心慈手软就等于让自己失败。这话确有几分道理。

有些人没有过人的才干，就不足以危害他人。关键在于这些人另有打算，不愿意接受他人的驾驭，而且往往巧言善辩。

少正卯和孔子是同时代人，都在办学校。少正卯的学校人丁兴旺，而孔子的学校却三盈三虚。后来孔子当了鲁国的大司寇,就将少正卯杀在宫门外华表台下。

事情的经过是这样的:自从孔子做了鲁国的大司寇以后,就同季孙氏、孟孙氏、叔孙氏三家大夫商议铲除家臣的势力。孔子说:"家臣的势力一大,大夫反倒受他们的压制。必须把他们的城墙改矮,家臣才不敢随便背叛大夫。"

三家大夫都表示赞成,于是便通知三位家臣,让他们将城墙改矮三尺。三位家臣闷闷不乐。正在这时,他们想起了鲁国名人少正卯,请他出出主意。

少正卯极力反对孔子的主张,他说:"为了保卫国家才把城墙砌得又高又结实,不应当改矮。孔先生的这种办法不太合适吧。"

由于少正卯在背后教唆,三个家臣就壮大了胆子,对主人的命令不再理会。

三家大夫见状,便发兵围城迫使家臣就范。由于三家大夫联合行动讨伐叛臣,季孙氏和叔孙氏的家臣被打败,狼狈逃走。

孟孙氏的家臣公敛阳见势不妙,急忙找少正卯出主意。少正卯趁机煽风点火,说道:"你把守的成城是鲁国北面的要塞,千万不要把城墙改矮,要是城墙不结实,万一齐国打过来那就守不住了。"

公敛阳受了少正卯指使,态度立即强硬起来,扬言:"我为鲁国的安全宁可丢掉自己的性命,也不会听别人的话拆去城墙一块砖。"

孔子听了这话,便让孟孙氏将这件事告诉鲁定公,鲁定公召集群君商量此事。

会上,意见不一。有的主张拆,有的反对拆,各有各的理由。

一向反对孔子的少正卯这时不仅故意顺着孔子的心意，声言赞成孔司寇的主张，应该把城墙矮下三尺去，还乘机挑拨说三家大夫是培植私人势力。

孔子及时识破了少正卯的奸计，立即反驳说："这太不像话了，三家大夫都是鲁国的左右手，难道他们是培养私人势力的吗？少正卯明明是在挑拨是非，让君臣上下互相猜疑怨恨。这种挑拨是非，扰乱国家大事的人应判死罪。"

大臣们觉得孔子的话有些偏激，都纷纷为少正卯说情。

孔子说："你们怎么知道少正卯的奸诈？他的话听起来好像很有理，其实都是些坏主意。他的一举一动，看着令人佩服，其实都是假装的。像他这种心术不正的虚伪小人，最能够颠倒是非诱惑人，非把他杀了不可。"

孔子最终杀了少正卯。

孔子的弟子子贡事后曾问孔子："少正卯是鲁国的知名人士，先生诛杀了他，恐怕得不偿失吧？"孔子说："人有五种恶行，而盗窃还不包括在内：一是通达古今之变即铤而走险；二是不走正道而坚持走邪路；三是把荒谬的道理说得头头是道；四是知道很多丑恶的事情；五是依附邪恶并得到恩泽。这五种恶行沾染了一种，就不能避免被君子所诛杀，而少正卯是五种恶行都兼而有之。他是小人中的雄杰，岂有不杀之理！"

孔子狠下毒手，诛杀对手在当时起到了杀一儆百的作用。倘若姑息迁就，让少正卯得势，恐怕孔子也难保不为其所害。

应当牢记的做事之技

应对难题,要有解决难题的狠招。不能等一下、看两步再说。否则,你绝对会受到攻击的。

当机立断见果敢

> **做事情的学问**
>
> 做事必须要有这样一种精神:当机立断者,即临难不慌,善于观察动态,提出果断措施,弭乱于已形,如无超人之魄力,难以应付瞬息万变之局面,此处以宋仁宗皇后应变的事实加以说明。

宋仁宗时,社会经济文化都有很大的发展。但土地兼并严重,国家财政空虚,西夏和辽屡次犯边,致使人民起义不断,统治集团内部矛盾重重,使北宋积贫积弱的局面逐渐形成。

这种社会不稳定的局面,反映到皇宫内部的斗争必然尖锐起来。崇政殿的亲从官颜秀、郭逵、王胜、孙利四人,本是皇帝的心腹,为皇帝而生而死。但是,眼看社会动荡不安,他们觉得北宋江山也长久不了,便私下里密谋,准备兴兵叛变,劫持仁宗"挟天子以令诸侯",或直接推翻宋朝，以新的年号取而代之。他们是皇帝侍从官，容易接近皇帝，很容易达到目的。正如俗话说：堡垒最容易从内部突破。

准备就绪后，颜秀便开始行动了。他们杀死了军校，抢走只仗，一路厮杀，进入延和殿，再攻杀进禁中，很快逼近皇帝的寝殿。这时，皇后正在殿内，和皇帝闲谈，夜里得知宫内发生谋变，仁宗很惊慌，便打算逃出寝殿，保全自己，皇后却立即关好门，然后派人召来都知董守忠等人，请他们带兵护卫，确保皇上安全。不一会，颜秀等人冲到福宁殿下，斩杀宫中人，宫中见状四处奔逃，惊吓声四起，有的被斩断了臂膀，呼痛之声，响彻帝所。恐怖与惊吓的气氛，笼罩着整个寝殿。何承用怕皇帝惊恐，启奏宫人殴打小女子。皇后大声怒斥道："叛贼在殿下杀人，皇上就要出来，你们还敢妄言启奏？"皇后知道叛贼要纵火烧殿，便吩咐左右持水准备。不一会，叛贼果然以蜡烛焚烧灯笼，再焚烧宫殿。左右持水者，迅速将火灌灭，叛贼烧殿不成。双方的战斗仍在激烈地进行着。为了组织力量，打击叛贼，防止出现更大的叛乱，皇后亲自削剪宦官的头发，并说："平定叛贼后，我要论功行赏，其凭证就是剪过的头发。"宫中宦官及宫女，都争相剪发，尽力拼杀。经过一番激烈的战斗，宦官及宫女有一定伤亡，但颜秀、郭逵、孙利三人终为宿卫兵所诛杀，王胜一人逃跑，数日之后，也被抓获，立即斩杀。颜秀等人的宫中谋变，至此便彻底失败了。宫中又恢复了原有的平静。

这次事变，起于突然，宫中毫无准备，但仁宗皇后却善观动态，巧于措置，仓促之间，指挥若定，转危为安，终于平乱，没有惊人的魄力是很难办到的。仁宗皇后不愧为巾帼英雄。

机勇者，临危不惧，临难不惊，机勇沉着，镇定乃尔，诸葛亮的"空城计"，即显示出战略家的胆略。

三国时期，吴蜀两国经常联兵攻打魏国。这便是蜀将诸葛亮的"联吴抗曹"政策。公元208年，曹操占领荆州后，统帅水、陆两军数十万，挥师南下，企图一举消灭东吴。东吴与刘备联军，共同抗击曹操。周瑜和鲁肃审时度势，指出曹操冒险用兵有四患，并亲率吴军与刘备联军大破曹操于赤壁（今湖北蒲圻西北），这就是历史上著名的赤壁大战。大战胜利后，诸葛亮便乘机占领了荆、益两州，协助刘备建立蜀汉政权，形成了魏、蜀、吴三国鼎立的局面，他自己也功拜丞相。公元223年，刘备死后，他便辅佐刘禅，主持军国大事。

马谡是蜀国的将领，得诸葛亮器重，迁任为参军。公元229年，诸葛亮兴兵攻魏，命令马谡督诸军为前锋，与魏将张郃大战于街亭（今甘肃庄浪东南）。马谡违背了诸葛亮的节制，指挥失宜，最后为张郃所败。诸葛亮的兴兵计划遭到破坏，被迫退兵汉中，将马谡下狱，死于狱中。历史故事"孔明挥泪斩马谡"讲的就是这个历史事实。

马谡失街亭，诸葛亮很恼火。但魏兵在大将军司马懿的率领下，却穷追不舍，诸葛亮毕竟是少有的政治家、军事家。他一方面将马谡抓捕入狱，以震军威，以严军纪，同时他又冷静地思考对策。他想，以自己的兵力直接迎战司马懿，毫无胜利的希望，如果仓皇逃跑，司马懿肯定继续追杀，可能要当俘虏。在此千钧一发之际，左思右想，诸葛亮迅速做出军事布置：急唤关兴、张苞，吩咐他俩各引精兵三千，急投武功山，并鼓噪呐喊，虚张声势。命令张翼引兵修剑阁，以备走路，命令马岱、姜维断后，伏于山谷之间，以防不测。并命令将所有旌旗隐匿起来，诸军各守城铺。命令将城门大开，不要关闭，每一城门用二十军士，脱去军装，打扮成一般的平民百姓，手持工具，洒扫街道。其他行人进进出出，没有一点紧张的表现。吩咐完毕，诸葛亮自己身被鹤氅，头戴华阳巾，手拿鹅毛扇，引二小童携琴一张，来到城楼上凭栏而坐，然后命人焚香操琴，显得若无其事，安然无恙。司马懿前锋部队追到城下，却不见城内一点动静，只见诸葛亮在城楼上弹琴赏景，感到莫名其妙，"丈二和尚摸不着头脑"，不知诸葛亮葫芦里卖的什么药，不敢贸然前进，便暂停下来，急速报与司马懿。大将军司马懿以为这是谎报，便命令三军原地休息，自己则骑马飞驰而来，要看个究竟。果然，诸葛亮坐于城楼之上，笑容可掬，焚香操琴，悠闲自在，根本没有什么恐惧和惊慌的表情。

应当牢记的做事之技

当机立断，才能谋大事、成大事，否则犹豫不决就会一事无成。有些人总是前怕狼后怕虎，最后耽误的还是自己。

盯住时势，拿出一身功夫

> **做事情的学问**
>
> 做事离不开把握进势。时势是什么？就是格局，就是态势。

> 它是变动的，对人的作用和意义也不是永远相同的。审时度势，是兵家必须恪守的一种战术，而且，是否善于审时度势，是衡量一个将领素质的重要标准。如果敌国还没混乱，而要攻取它，则必劳而无功，敌国局势已经混乱而不乘机攻取，便是坐失良机。

古时有很多以少胜多、以弱胜强的战例，其中的奥秘就在于审时而动，乘机攻伐。所以，未乱之时，应该安抚民心，养精蓄锐，以待其弊，敌国已乱之时，应该果断举兵攻伐，切勿误机资敌。古人云："权不可预设，变不可先图，与时迁移，应物变化，设策之机也。"三国时代，姜维屡次征讨魏国，劳民伤财，结果都是无功而返，其关键就在于他不能审时度势。周文王政宽养民，富国强民，于是能以少取多，越王勾践抚恤民众，最后也是以弱胜强，其关键在于他们能正确地审时度势。

唐朝时，颉利发兵进攻突利，突利派使者来唐求救。皇上便向众大臣征求意见："我与突利是兄弟相称，关系不错，现在他眼前有急，我不能不救。但是我们和颉利之间却有盟约在先，互不侵犯。这该如何是好呢？"众大臣相互窃窃私语。兵部尚书杜如晦说："皇上，戎狄无情，终当负约，我们不能拿盟约来约束自己。如果当今我们不乘其乱而攻取，今后我们就会后悔莫及。而乘乱取胜，乃是古之道也。"接着，张公谨也认为可以攻取，并且具体陈述攻伐的理由。第一，颉利纵欲肆凶，横行霸道，专横独断，谋害善良，昵近小人，是一位昏君。由此，君臣关系不顺。第二，颉利属下的同罗、仆骨、回纥、廷陀等部自立君长，不服颉利，意欲反叛，内部混乱。第三，颉利被别人怀疑，他现在出兵征讨，必兵败无疑。过去欲谷丧师，无抚足之地。兵败将折，没有多强的战斗力。第四，北方正值霜旱，天气寒冷，而粮草却又匮乏，不能久战。第五，颉利疏远突厥，反而亲近诸胡，而胡人本性反复，变化无常，大军临近时，其内部必然发生叛乱。第六，华人在北方很多，他们结屯而聚，保据山隘，都有归附之心，王师出击之日，必然望风响应，可以里应外合，打败颉利。种种情况足以说明，颉利外强中干，不堪一击。这正是乘乱攻取的好时机。

李世民觉得这样的分析很有道理，便决定派兵进攻颉利，援救突利。出兵不久，唐兵攻破定襄，大败颉利，取得了战斗的胜利。实践再一次说明，乘机攻乱，必定胜利。

"处事有疑，非智也；临难不决，非勇也。"就是说，作为一个军事战略家，应该有孤军深入的胆略，不能迟疑不决，前怕狼，后怕虎。真正的善于乘势者，必须发扬连续作战的作风，勇往直前，无所疑惧。犹豫两可，瞻前顾后，往往会坐失破竹之势，给敌人以喘息休整之机，一旦敌人并力固守，就难攻破了。

据《新唐书》记载：李世民在讨伐敌人时，往往率兵乘胜追击，不断巩固并扩大战果。李世民与薛仁杲大战，薛仁杲招架不住，便率残兵奔逃。李世民则指挥将士马不停蹄，乘胜追击，一路高歌。窦轨觉得这样穷追敌寇，士兵疲劳，要求休息一段时间。他对李世民说："我们这样一路追杀，很辛苦疲劳。万一中敌引诱之计，怎么办？况且，我们已经取得胜利。应该就此打住，停止追杀。打扫战场。"李世民听后哈哈大笑："你讲的不无道理。但是，你可知道，我已经考虑很久。对我们来说，已经取得了初步胜利。但全面的胜利，就在眼前。对敌人来说，大势已去。剩下的也只是残兵败将，没有多强的战斗力。所以，战斗的主动权和决胜权仍在我们手里，我们应该乘着破竹之势，一鼓作气，将敌人一网打尽。要是停下来放走敌人，便是坐失良机，后果对我们是不利的。"于是，继续前进，追杀逃兵，直至捣毁敌人的老巢。

又如李世民大战刘武周大将宋金刚时，宋金刚大败，逃跑如鼠窜。当时，诸将都劝李世民不要穷追不舍，孤军深入，怕有伏兵危险。不如"留壁于此，候其粮毕集，然后复进。"李世民不听，日夜加紧追赶，结果大破刘武周。刘武周彻底崩溃，便与宋金刚逃往突厥，请求避难，但突厥却腰斩宋金刚，刘武周所属州县均告失守，统归于唐。

应当牢记的做事之技

把握时势，乃为做事情的关键之技。忽视这一点，就将难以乘时势而定下大决策，做成大事情。

不怕多走路，就怕走不出自己的路

> **做事情的学问**
>
> 世上许多人，因恐惧失败而灰心丧志，结果无法实现理想，成为不可救药的失败者。事实上，这些失败者，与其说恐惧失败本身，不如说"恐惧因失败遭受世人的批评"。多数人因太过恐惧世人的批评，而受亲朋好友、传播媒体等的影响，无法过自己想要的人生。一辈子都在扮演"别人希望的角色"。

照他人期望的模式过活，牺牲真正的自我，是天底下最愚蠢的事。你要记住：最后为你的一生"付账"的只能是你自己，何必太在意他人的看法，让他人来左右你的人生？

人是不可能完美的，无论你做得再好，也无法达到每个人的要求。人生充满艰难险阻，能在困顿中学会良好的适应之道，便能迈向成功。

1. 每个人都要面对挫折

任何成功的人在达到成功之前，没有不遭遇失败的。爱迪生在历经一万多次失败后才发明了灯泡，而沙克也是在试用了无数介质之后，才培养出小儿麻痹疫苗。

费尔兹和一家独立商店成立了费尔兹太太糕饼连锁店，并很迅速地推行到世界各地。由于业务扩张得太快，致使公司的财务受到拖累，费尔兹发现自己欠了一大笔债。她体察到想要拥有并且经营所有连锁店的欲望是太大了点，所以她想授权给加盟店负责经营，而不再亲自参与。此一政策的改变，使她的公司再度获利，并且出现成长。

你应把挫折只当做是使你发现你思想的特质，以及你的思想和你明确目标之间关系的测试机会。如果你真能了解这句话，它就能调整你对逆境的反应，并且能使你继续为目标努力，挫折绝对不等于失败——除非你自己这么认为。爱默生说过：

"我们的力量来自我们的软弱，直到我们被戳、被刺，甚至被伤害到疼痛的程度时，才会唤醒包藏着神秘力量的愤怒。伟大的人物总是愿意被当成小人物看待，当他坐在占有优势的椅子中时会昏昏睡去，当他被摇醒、被折磨、被击败时，便有机会可以学习一些东西了；此时他必须运用自己的智慧，发挥他的刚毅精神，他会了解事实真相，从他的无知中学习经验，治疗好他的自负精神病。最后，他会调整自己并且学到真正的技巧。"

然而，挫折并不保证你会得到完全绽开的利益花朵，它只提供利益的种子。你必须找出这颗种子，并且以明确的目标给它养分并栽培它；否则它不可能开花结果。上帝正冷眼旁观那些企图不劳而获的人。

你应该感谢你所犯的错误，因为如果你没有和它作战的经验，就不可能真正了解它。

2. 你的希望与结果成正比

抱着微小希望的话，只能产生微小的结果，这就是人生。

人的内心有着无限的力量，这个力量是，当一个人发挥出他的个性时，他的人生就会有惊人的光辉。

我们的能力像沉睡的矿藏深深地埋在地下，若能把它发掘出来，发展下去，人生就会有惊人的发展，不可能的事也会陆陆续续地变成可能。

但，这要看看这个人是否能选择自己应该走的路。

任何人都可以爬升到自己所想要的成功事业顶峰，同时当他选择要爬上成功事业顶峰时，全宇宙最高的力量就会帮助他，一直把他推上成功事业的顶峰。

我们有了某种决心，并且相信实现的可能性时，各方面的东西都会动起来，而且帮助自己的决心往上推到实现的方向。这种事，你一定可以亲眼看到的。

不管你现在处在何种恶劣环境中，也不要被环境打垮，而要为了达到目标去努力，向着更大的目标挑战。如果发现了人生的意义，你就可以算是已经一步一步地走向成功了。

3. 现在该怎么做

我们天生就必须追求成功，如果我们没有个人喜爱的事业，没有"有意义"的生活，很容易绕圈子，感到迷失，觉得生活"没意义"。

我们应该有这种想法——我们是被制造来改变环境、解决困难、达成人生使命的，若没有可供达成的理想，我们的人生就不会满足，也不会快乐。

应当牢记的做事之技

你应该找一个值得你努力的追求，最好有个计划表，注明遇到不同情况时，你希望有什么处置。在你面前经常有个你"盼望"的东西，为它工作、为它期望，往前盼，不要往后看，并培养对将来的"盼望"。对"将来的盼望"，能使你保持活力；假若你不再是成功的追求者，而且有"不盼望任何事"的现象，你就会感到无所适从。

清除失败的病毒

> **做事情的学问**
>
> 　　做事情必须消除失败的病毒，因为一而再、再而三地遭遇失败，容易令人心情黯然。然而有人却说："这算不了什么！"仍旧继续奋斗。但是一般人，往往要为失败找寻种种理由自欺欺人。

秉持这种态度而死不认错的人，处世为人必难以心怀善念。因为周围人们的反应，会影响他脆弱的心，以致陷入恶性循环的漩涡，不能自拔。但是，正如恶劣的品质可以在幸运中暴露一样，最美好的品质也正是在厄运中被显示的。

失败本是人生旅途中难免的事，不要惧怕失败，应该勇敢地面对它，只要尽了力，便可问心无愧。另一方面，探寻失败的原因，也要用正大磊落的态度，别人才会对你的作风有所谅解。

被称为天才、留有九大交响曲以及很多不朽名曲的贝多芬，得了堪称音乐家致命伤的耳聋，但是他却能突破这个障碍，向音乐奉献了一生才华。贝多芬说："勇气就是不管身体怎样衰弱，也想用精神来克服一切的力量。25岁是男人可决定一切的年龄，不要留下任何悔恨。"

处在失败中，有的人会为了想脱离失败而奋斗，有的人却会为了无法克服失败而堕落下去。当然，能成功的一定是前者，自暴自弃毁灭自己的则是后者。

研究失败者，你会发现他们都患有一个通病，那便是为自己找借口。

你将发现，借口很好地向你解释了为什么有的人能不断进取，而有的人却原地踏步。你也将发现，虽然借口千姿百态，其中最糟糕的莫过以健康、智力、年龄和运气等为借口，越是成功的人，越极少寻找借口。而那些停滞不前的人却总有无限的借口可寻。平庸的人总能很快地自我辩解为什么自己没有或不能成功。

研究成功者的生活，你将发现，所有通常人所找的借口，在这些成功者的生活中荡然无存。

其实，每一位获得极大成功的企业家、军事家以及其他领域里的专家和领袖，均可找出一个或更多的借口而怨天尤人、停滞不前。例如，罗斯福可以因他的毫无生命力的双腿而沮丧；杜鲁门可说他该受高等教育；肯尼迪能发现"作为一名总统，我实在太年轻了"；艾森豪威尔亦可因其心脏不好而毫无建树⋯⋯

就像一切病症一样，如果治疗不当，借口会越来越多。这种思想病的后遗症是："我没有做出我应有的成绩，能否找点什么托词来挽回自己的脸面吗？健康状态不好？受教育程度太低？年岁太大或太年轻？个人的不幸？妻子的拖累？或者还是我从小所受的家庭影响？"

一旦这种"失败病毒"的牺牲者选中了一个适当的借口，他便盯住这一借口，依靠这个向自己和他人辩白我为什么不能取得进步。

一个患这种"思想病"的人每找一次借口，这种借口在他的潜意识中就更进一步扎根。几经反复，"思想病"转为消极的癌症。最初，病人还知道借口只不过是一种类似于流言的东西，但谎言重复三次也就成为真理。终于，借口便真的成了你不能成功的原因。

在你制定的成功计划中，首先要使你自己对借口——失败病毒，具有免疫力。

当我们面对失败时，若是心中产生自怨自艾的想法，将会招致严重的挫折感。这种否定的思绪会长久地深植在心中，而且不断地在我们的想法和行为上表现出来。一旦你的脑海中，充满失败的感觉后，你的外在行为将会表现得和你的想法一致，而愈陷愈深。

这种情况会持续且愈变愈糟，除非你心中的挫败感能消除。以销售员为例，当他处于长期的业务低潮后，若是能创下一笔惊人的销售业绩，则他心中长久以来积蓄的低落情绪，将可戏剧性地一扫而空。

自我肯定能诱发光明积极、活泼开朗的个性而渐渐奠定信心的基石，有了自信为基础等于向成为英雄豪杰的目标迈进一大步，因此而成功立业的类型真是细数不尽。

人可以说是环境的动物，人的性格也并非天生就如此，出生以后的环境也是决定性的因素。但不管环境如何，始终认为自己一定要成功的人最后一定会成功。凡事应该认真奋斗，否则会被环境压垮，而无法成功，尤其被环境压垮时，人的意志更容易消沉。最重要的还是，愈处于逆境中愈要有想挣脱出来的这种强烈意志才好。

应当牢记的做事之技

福楼拜曾说:"你一生中最光辉的日子,并非成功的那一天,而是能从悲叹和绝望中涌出对人生挑战的心情和干劲的日子。"成功并不是最美的,最美的是能在逆境中,继续奋斗努力的精神。成功只是那些努力的一个成果而已。

睁大"观察之眼"

> **做事情的学问**
>
> 只要你留心观察,就会发现绝大多数人并不喜欢他们的工作。这就希望你能睁大"观察之眼",去发现能引起你兴趣、产生工作欲望的事情。

每天,总有人不停地看着表,一直到下班;每周,他们会喃喃自语:"感谢老天,今天是星期五了!"

他们不喜欢自己的工作条件,他们痛恨工作时间,他们抱怨管理机构,他们不满足于每月的收入,他们为自己的将来发愁。

他们说他们会用一切代价来换工作。

为什么有这么多人干着他们厌烦或讨厌的工作?

当然，这有许多原因，但通常是因为他们的职业与他们的价值观不符。他们的价值观是在几年前由父母或辅导员决定的，或者是偶然决定的。他们守着自己的职业是因为那是他们最早的职业。他们眼前的工作是最早的工作的延伸，几年下来，他们已经开始墨守成规。

我们每天的时间基本上分为三部分：我们花八小时睡觉、八小时工作，另外八小时随我们任意支配。我们醒着的一半时间都是花在工作上。

让自己清醒时的一半时光浪费在摧残心灵的苦力活上，那只有傻瓜才干。

更糟的是，你不喜欢你的工作，就意味着你干得很差，你不会付出它所需要的时间和注意力。你的满腹牢骚会减少你的动力，耗尽你的精力，而且使你的创造力的源泉濒于枯竭。在各行各业中，有成千上万这样的人，他们的潜力现在、将来都不会被挖掘出来，其原因仅仅是他们不喜欢自己的工作而缺乏内在动力。

对此，美国诗人罗伯特·弗罗斯特这样写道：

"集爱好与职业为一体，这就是我生活的目的，就像双眼观看时连在一起。

只有爱与需求合二为一，工作变成了游戏，这是不是真能办到的事？"

也许你在工作上的不安是由于你的性格不适合为他人工作。

你不习惯于例行公事。别人叫你干这干那，你会产生反抗心理。你喜欢按照自己的进度去工作，多数行业中的那种按时上下班让你感到生气。

你喜欢自我行事。

那么，也许你该考虑开办自己的企业。如果你的目标是财富和自主，自己拥有一家企业是实现这些目标的最佳方法。看看你的周围，经济上独立的人多数是销售产品或开办服务行业。他们不为别人工作，他们为自己工作。他们雇用别人，而不被别人雇用。而且他们不一定是社会上最能干的人。通过观察，你会明白这一点。

他们发现自己能拥有他人希望得到的东西。他们用艰苦的努力开辟并建立一个新的行业。

但在你调查是否有成为经理的可能时，先考虑考虑建立新公司时的基本原则，你必须先满足以下几条：

1. 你必须有产品出售或能提供服务项目，让人们花钱享受。

2. 在你成功前，你必须做好每天工作12～16小时、每周工作6天的准备。

3. 你必须掌握足够的资金或信贷款项以保证度过第一年并妥善安排进入下一年。

4. 防止自己受发展太快的诱惑，但如果机遇来了却能有足够的力量跨一大步。

如果你准备接受这些条件并有办法筹到足够的资金，你再去调查那些可能性。你可能想考虑去购买某种特权。（但是请记住：在特权世界里有不少油嘴滑舌胡言乱语的人。）

要让你主要的能力发挥作用。

在你决定开创自己的事业之前，多问自己一个问题：你对于自己闯天下有足够的自我约束能力和自力更生的能力吗？

你的回答可能是："我要用它来约束我自己。我有时对一切无所谓，时常悠闲懒散，那是因为没什么来鼓励我。"情况可能是这样，但在你进行冒险尝试前，你自己要相信自己的性格适宜于自由自在无约束的生活。

除了你自己，不会有人监督你的活动，纠正你的错误，鼓励或刺激你。如果出错，责无旁贷，只有自己承担。

创业的任务很艰巨，但却值得一试。如果你是位个人主义者，受到约束就干不好工作；如果你拥有实现自己的目标所必需的自我约束能力，那么你不妨仔细计划，显显身手。

必须具备的先决条件是想象力、对自己的信赖和足够的自我约束力。你能去做一些梦，然后把它们变为现实吗？尽管没有要求你，但你能在天气恶劣的早晨强行把自己拖下床到办公室或商店去，并且不管自己愿不愿意也开始埋头苦干吗？

如果你能办到，你就越过了一大障碍，如果不能，那就想也不用去想。

应当牢记的做事之技

在你从事新职业之前，不管是你自己开办的还是你新调动的工作，要确信在你这一生中它能向你提出挑战并使你得到报偿。这份工作可能不会延续那么久，因为现在是加速变化的时期，但它也许能延续那么久。记住法国人那句古老的谚语："注意你所留心的一切，因为你肯定会得到它。"

把自己的能力当作成功的资本

> **做事情的学问**
>
> 在无数失败者的个案中，常见的通病都是看不清自己有没有实力构成一种属于自我的强项，从而糊涂行事。一般人都有一个通病，那就是如果他在某一方面缺少特殊的才能，他就不再想努力，以为努力也是枉然。可是还有许多人，在最初的时候其实与常人无异，也没有特殊的才能，但终于成功了。这是因为他们的自信力要高过一般人，并能以自信力做支柱去努力奋斗，终获成功。一个人不去实地试验，就永远不会知道自身的身体里究竟有多少才能与力量。

与势力、资本以及亲戚朋友的扶持相比，自信力远为重要，它对人的成功具有不可思议的力量。自信力能使人们克服困难，成就事业，完成发明。

每一个人都能实现自立自助的独立生活，可是在实际生活中，只有少数人能够实现真正的自立自助生活。当然，依赖他人，追随他人，让人家去思想、去策划、去工作，这自然要比我们自己去思想、去策划、去工作要容易得多，也惬意得多。

所以，一个人一旦有了依赖的观念，样样有人供给，他就会丧失勤勉努力的精神。

有的人想要给予他们的子女以相当的凭借，使其在世上不致奋斗得太艰苦，这种做法其实是在不知不觉中给孩子以祸患。给孩子所开辟的出路，也许就是给予他们的挫折。青年人应有自立自助的能力，可惜大多数青年人，都易养成依赖成性的习惯，一旦有了拐杖他们就不想自己走路，一旦有了依赖他们就不再想独立了。能够充分发展我们的精力与体力的，不是外援，而是自助；不是依赖，乃是自立。

世界上只有摆脱了依赖，抛弃了拐杖，具有自信，能够自主的人，才能获得成功。自立自助是进入成功之门的钥匙，是获得胜利的象征。

在风平浪静时，显不出驾驶航船的船长是否训练有素，是否富有经验。

能够看出船长的真实本领是在狂风暴雨、波涛汹涌、船将颠覆、人人惊恐的时刻。同样，也是在失败后的挣扎、奋斗时，才能最显露一个人的机智。

只有在困境中，一个人才能立定意志努力奋斗，最终获得极大的成就。

当人自立自助时，就开始走上了成功的坦途，最终获得极大的成就。

当人自立自助时，就开始走上了成功的坦途。抛弃依赖之日，就是发展自己潜在力量之时。

外界的扶助，有时也许是一种幸福，但更多的时候情况恰恰相反。供给你金钱的人，其实并不是你最好的朋友；而唯有鼓励你自立自助的人，才是你真正的好友。

一个身体健全的人如果依赖他人，就会感到自己不是一个完整的人。一个人有了职业、自立自助的时候，他才会感到自由自在，无比幸福。

许多人之所以在社会上无所作为，是因为他们贪图省事，或是缺乏自信，不照着自己的意志去做，东去询问，西去探访，事事要经得他人的同意认可，才敢决定，这样缺乏自立自助精神，哪能有所作为呢？

应当牢记的做事之技

一个人不敢表现自身的强项、表达自己的意见，实为人生的奇耻大辱。照着自己的意念，增强自己的信心，努力去做，自然能获得美满的结果。

重要的不一定紧急

做事情的学问

任何一名善于推销自己的人都应当明白：紧急的事不一定重要，重要的不一定紧急。不幸的是，我们许多人把我们的一生花费在较紧急的事上，而忽视了不那么紧急但比较重要的事情。当你面前摆着一堆问题时，应问问自己，哪一些真正重要，把它们作为最优先处理的问题。如果你听任自己让紧急的事情左右，你的生活中就会充满危机。

根据你的人生目标，把所要做的事情制订一个顺序，有助你实现目标的，就把它放在前面，依次为之，把所有的事情都排一个顺序，并把它记在一张纸上，就成了事情表。养成这样一个良好习惯，会使你每做一件事，就向你的目标靠近一步。

众所周知，人的时间和精力是有限的，不制订一个顺序表，你会对突然涌来的大量事务手足无措。

美国的卡耐基在教授别人期间，有一位公司的经理去拜访他，看到卡耐基干净整洁的办公桌感到很惊讶。他问卡耐基说："卡耐基先生，你没处理的信件放在哪儿呢？"

卡耐基说："我所有的信件都处理完了。"

"那你今天没干的事情又推给谁了呢？"经理紧追着问。

"我所有的事情都处理完了。"卡耐基微笑着回答。看到这位公司经理困惑的神态，卡耐基解释说："原因很简单，我知道我所需要处理的事情很多，但我的精力有限，一次只能处理一件事情，于是我就按照所要处理的事情的重要性，列一个顺序表，然后就一件一件地处理。结果，完了。"说到这儿，卡耐基双手一摊，耸了耸肩膀。

"噢，我明白了，谢谢你，卡耐基先生。"几周以后，这位公司的老板请卡耐基参观其宽敞的办公室，对卡耐基说："卡耐基先生，感谢你教给了我处理事务的方法。过去，在我这宽大的办公室里，我要处理的文件、信件等等，都是堆得和小山一样，一张桌子不够，就用三张桌子。自从用了你说的法子以后，情况好多了，瞧，再也没有没处理完的事情了。"

这位公司的老板，就这样找到了处理事务的办法，几年以后，他成了美国社会成功人士中的佼佼者。我们为了个人事业的发展，也一定要根据事情的轻重缓急，制订出一个事情表来。我们可以每天早上制订一个先后表，然后再加上一个进度表，就会更有利于我们向自己的目标前进了。

柯维指出：有效的管理是要先后有序。在领导决定哪些是"首要之事"以后，天天时时刻刻地把它们放在首位的就是管理了。管理是纪律，是贯彻。

"纪律"这个词来自"门徒"一词，信奉一种哲理的门徒，信奉一套原则的门徒，信奉一系列价值的门徒，信奉一个压倒一切的目的的门徒，信奉一个圣命的目标的或代表这个目标的人的门徒。

应当牢记的做事之技

如果你是一个有效率的自身管理者，你的纪律来自你自身内部；它是你独立意志的一种因素，而你是你自己深刻的价值及其源泉的门徒和追随者。而且你有将你的感情、你的冲动、你的心境从属于那些价值的意志和忠贞。

激发"我行"的欲望

做事情的学问

林肯曾经说过："我从来不为自己确定永远适用的政策。我

> 只是在每一具体时刻争取做最合乎情理的事情。"他没有使自己成为某项具体政策的奴隶,即使对于普遍性政策,他也并不强求在各种情况下都加以实施。

我们每个人都生活于一个社会群体之中,因此,我们不可能是一个完全孤立的个体,我们的思想和行为可能时时受到世俗的约束与制约。在我们生活的世界之中,存在着各种各样的"应该"、"必须"等条条框框,它们编织了一个很大的误区,将现实生活中的人们网罗其中,而我们很多人往往习以为常、不假思索地照"章"行事。对于这些规则和方针,你也许不以为然,但同时又无法摆脱束缚,无法确定自己应该遵循哪些适用的规则和方针。

当然,我们这里没有提出,也丝毫没有暗示,你可以任意违反法律或规则。公共秩序是文明社会的重要组成部分,法律则是维持文明社会必不可少的。但是,盲目遵循常规则完全不同。对于个人来说,盲目服从可能比违背规定更有为害。

如果一种规定或规矩妨碍着人们的精神健康,阻碍着人们去积极生活,它就是不健康的。如果你知道这种规矩是消极而令人讨厌的,而你又一直遵守规矩,那你就陷入了人生的另一种误区——你放弃了自我选择的自由,让外界因素控制了自己。

如果你不冲破外界因素的控制,或者总是认为外界因素在控制着你,你就不可能真正地生活,不可能有所作为。真正的生活并不意味着要消除生活中的所有问题，而意味着将外界控制转变为内在控制。这样，你就要对自己感受到的每一种情感负责。你不是一个机器人，无需根据他人制订的各种莫名其妙的程序，糊里糊涂地度过自己的一生。你应该更为严格地审查这些条条框框，逐步控制自己的思想、情感和行为。

每当你不愿为生活中的某件事承担责任时，你都可以求助于抱怨责怪，而抱怨责怪是一种徒劳无益的表现。你可以尽情地抱怨别人，拼命责怪他们，但对自己不会有任何帮助。抱怨的唯一作用是为自己寻找一种开脱的借口，把自己的精神不快或情绪消沉归咎于其他人或因素。

你如果常常将注意力集中于他人身上，就有可能走向另一极端——崇拜偶像。在这种情况下，你的价值观念可能由他人来确定。因此，如果别人做了一件事，你也希望做这件事。偶像崇拜实际上是一种自我否定的表现形式，当你注重他人的时候，你无形之中在抬高别人，贬低自己，并且将自己的生活依附于外界事物。

当然，你可以赞赏他人，羡慕他人取得的成就——其中并不带有任何自我挫败的因素。然而，如果你模仿他人的言谈举止，甚至顶礼膜拜，这就构成了一个误区。要记住，你所崇拜的每一个对象都是人，都是同你一样有血有肉的凡人。他们每天同你一样做着各种普通的事情。他们也食人间烟火，也有七情六欲，身上也会感到发痒，身体也会生病。所以，偶像崇拜实在是没有任何意义的。

在生活中，你所崇拜的伟大人物并不会使你本身有所提高，他们在任何方面都不比你更为高明。看看那些政治家、演员、运动员、歌星，或者你的上级、医生、老师、爱人等，他们之所以成为他们，仅仅是因为他们在其工作中颇有作为，然而也就仅此而已。如果你将这些人作为崇拜对象，把他们摆到高于你的位置，那么你就是让别人负责保持你的良好情绪。

你应该确定自己的行为，学会独立地做出决定。不要总是从传统习惯和规定中寻求答案，应该根据自己的意愿去谱写你的幸福之歌。

应当牢记的做事之技

一个没有欲望的人，做事是无法成功的，更何况想要获得人生巨大的成功，那几乎是无法想象的事。

奖励一个，带动一群

> **做事情的学问**
>
> 领导称赞下属，从很大意义上讲是手段而不是目的。当着大家的面称赞下属一是为了鼓励被称赞的下属，让他意识到领导对他的肯定和赞赏；二是为了给其他人树立榜样，鞭策其他人努力工作，干出成绩。当众称赞某一位下属无疑是驾驭和控制下属的有效方法。

但是，如果当众称赞某一位下属的成绩和优点不恰当，就可能引起其他人的不满或嫉妒，不仅对被称赞的下属造成坏的影响，还会损害领导的威信和形象，激化单位的内部矛盾。所以当众称赞一位下属必须慎重。

1. 领导当众称赞某一个人，必须首先考虑控制住其他人的嫉妒心理。

秦始皇就吃过这方面的亏。秦始皇早就听说韩非有旷世之才，很想得到他，成为自己成就大业的辅佐。终于一天机会来了。韩王派韩非为特使到秦国，实际上是做了秦国的俘虏。韩非来到秦国，受到秦始皇的高度礼遇。秦始皇赞韩非道："公子真知灼见，旷世未有。"韩非口吃，支吾道："陛下……非欲……诚……笃……自……见……"说了半天才吐出了一句话，脸涨得通红，就沉默不语了。秦始皇很觉遗憾，于是他又问李斯、姚贾等，说："韩非才深学博，朕览其书，知其人泱泱风范，深明举国之理，治民之法。朕赏其才，不知卿等意为如何？"李斯、姚贾见秦王如此赞赏韩非，心里嫉妒得要死，恐怕秦始皇起用韩非，恨不能找个坑把韩非活埋了，于是群起攻击韩非，结果秦始皇的计划没有实现。

控制好下属的嫉妒心理并不是说完全杜绝嫉妒心理的产生，其实，当众称赞一位下属让其他人产生一点嫉妒和羡慕是正常的，关键在于领导能切实把握好、引导好，把这种嫉妒和羡慕心理朝着有利于工作和团结的方向引导。秦始皇没有能力也没有决心把大臣们的嫉妒心理控制住，结果反而导致了韩非之死，教训深重。

2. 当众称赞下属要有理有据。

当众称赞一位下属必须说服大家，使其他人心服口服，这就要求领导的话有据有理。"有据"。就是要有实事根据,铁证如山,谁也说不出个不字来。"有理"就是要求领导的话有道理,值得推敲。"有据"和"有理"必须结合起来才能起到教育和激励的作用。

一次会议上,孟处长在总结工作时提到发表文章比较多的何某时表扬道:"小何同志肯动脑子,好钻研,近来成果很多,发表了八篇文章,其他年轻同志要向人家学习,搞些成果出来。"话音未落,就有一位年轻的部下插话说:"水平不能以文章来定,文章的好差不能以发表的多少来定。发表文章多并不一定说水平高,那有可能是文字垃圾多。有的人一辈子就发表一篇或几篇文章,影响却大,难道说水平低吗?"孟处长被问了个哑口无言,不得不解释一番。结果弄得谁也不高兴。

孟处长的尴尬不在于他没有根据,而是有据却无理,他的表扬也确实站不住脚,经不起推敲,所以其他人心里不痛快,把他的称赞给堵了回去。

曾国藩很善于当众称赞某一位下属以激励其他将士。有一次,曾国藩召集诸将议论军务,他先发言道:"诸位都知道,洪秀全是从长江上游东下而占据江宁的,故江宁上游乃一洪逆气运之所在,现湖北、江西均为我收复,江宁之上,仅存皖省,若皖省克复,江宁则早晚必成孤城。"此时,一贯沉默寡言的李续宾从曾国藩的话中意识到了下一步的用兵重点,就试探着插话问道:"涤帅的意思,是要进兵安徽?""对!"曾国藩见李续宾猜出了自己的意图,以赏识的目光看了李续宾一眼接着说:"迪庵说得好,看来你平日对此已有思考。为将者,踏营攻寨算路程等等尚在其次,重要的是胸有全局,规划宏远,这才是大将之才。迪庵在这点上,比诸位要略胜一筹。"其他将领也点头称是。

上面两个例子同样是当众赞扬下属，一个很不成功，一个则很成功，主要原因有二：一是当众赞扬某个下属不仅要有事实根据，更要有服人的道理。曾国藩抓住了李续宾的一句话就引申出大将之才的许多道理，事实清楚，道理深刻，谁能不服；二是要善于把握时机，赏不逾时。一旦发现下属值得表扬的地方，马上要发掘出表扬的道理当众表扬，不要拖拖拉拉，也不必要攒到一块表扬。因为"夜长梦多"，当其他人看到某人的成绩或优点时，嫉妒心可能萌发，为寻求心理平衡可能会攻击或者打到攻击别人的理由，所以如果赞扬"滞后"，难度可能更大。曾国藩听完李续宾的发问后，立即予以大力赞扬，其他人是没有充分的心理准备的，也只能接受教诲。

3. 当众表扬某个下属，不能怀有心计，要有诚意。

有的领导在表扬下属时，只想着树自己个人的威信，收买人心，实际上并没有表现出欣赏的诚意，无论是被表扬者，还是其他人都像被猴耍一般，这样的做法根本不可能使领导如愿。领导表扬下属，必须首先自己，表示欣赏、表示出诚意。

北魏时太武帝拓跋焘很赏识崔浩，聘他为顾问，并鼓励他集思广益、敢于进谏。太武帝还命令歌舞乐工作歌舞歌颂有功之臣，说："智如崔浩，廉如道生。"在一次数百人参加的酒宴上，太武帝指着旁边的崔浩，发自内心地赞扬道："你们看这个人纤瘦懦弱，手不能弯弓持矛，但他胸中所怀的却远远超过甲兵之勇。朕开始时虽有征讨之意，但思虑犹豫不能决断，前后克敌获捷，都是这个人引导我至于今天这一步。"语中不无诚意。富兰克林有句名言说："诚实是最好的政策"。聪明的领导在表扬下属时，最好的方法就是要真诚。太武帝对崔浩的赞扬没有半点虚伪，他平时就非常赏识崔浩，坦诚之情处处可见。

应当牢记的做事之技

赞扬对事不对人，谁有了成就符合要求、达到标准都要当众赞扬，而不能此一时彼一时，忽冷忽热，赞一个偏一个。

自己只要做好，就是成功

做事情的学问

激励自己常用的观念之一是："只要做好，就是成功"。怎么讲呢？人们从小到大就被督促着要做第一、要赢、要成功，人们学到的观念也是这样：如果自己不是最好的，就是最差的，做个比赢者差的人，就表示自己比输家还不如。有的人把获得成功的重要性置于对爱的需求之上时，他们在个人所能达到的领域里努力，有时候对成功的渴望，超过了事业成就所带来的满足感。

有报刊这样记载，在1984年的奥运会上，有两位滑雪选手赢得了全世界的瞩目。不只是因为他们卓越的滑雪技术分别获得了金牌和银牌，还因为他们对比赛所持的态度。在萨拉黑佛举行的男子弯道滑雪比赛之前，他们向媒体讲的话一点也看不出他们全心全意要取得胜利的热忱。史提夫·马尔是1982年世界大弯道滑雪的冠军，他曾很不客气地说："美国大众给我的弟弟菲尔·马尔施加了太多的压力，要我们得到弯道和大弯道滑雪的奖牌，实际上他们根本就不知道奖牌不是那么容易拿到的。"

美国史提夫的孪生弟弟菲尔曾在宁静湖的比赛中得到银牌，也是三届阿尔卑斯山世界杯滑雪冠军得主。菲尔曾说过："奥运会不是什么大事……你失败了又怎样呢？生命还是会继续下去。"就在大弯道滑雪赛前他还说："我对海滩想得比滑雪还多，我想，赢不了真的没什么关系。"这样的言论可是与人们听惯了的加油振奋的话大相径庭，不是吗？在奥运会开始之前，史提夫及菲尔被美国各种传播媒体预测为最有潜力的滑雪奖牌得主。电视播报他们，《时代》杂志奥运特刊用他们的照片做封面，因为他们赢得过其他比赛。当然这一年他们很可能也会为他们的祖国赢得奖牌，然而他们面临着每一个运动员都必须面临的问题，那就是有可能会面临失败的恐惧。

事实上，你或许不是奥运会滑雪选手，但你在工作中可能也会有这样那样的压力，也许是实际的压力，这个压力来源于你对自己要"做最好的"压力。

马尔兄弟最后为美国赢得了1984年奥运会大弯道滑雪项目的金牌和银牌。他们成功了，但是与此同时报纸报道：菲尔赢得了金牌，史提夫赢得了银牌，但是他们欢庆的是菲尔刚出世的孩子。菲尔得到奥运会金牌的同一时，他的妻子为他生了一个8磅多重的儿子。对他而言，那天最重要的事是儿子的出生。比赛之后菲尔向媒体说："我来这里只是为了能发挥自己的潜力去滑雪,没有什么事情会因为我得到金牌而改变……大众把奥运会当成至高无上的事,但是我们整个冬天都在比赛。年年如此,如果我在这里没有拿到金牌,也不会让我挂心。我运动从来不是为赢,而是为了竞赛。"菲尔说:"我妻子在家中忍受那样的痛苦,我却在外面玩。"虽然滑雪训练几乎是苦得不近人情,但对史提夫和菲尔来说却是在玩,他们所得到的金牌和银牌,只是说明了他们的卓越技术和竞赛精神。20世纪的美国传道士哈利·艾默森·福斯迪克说过:"快乐不全然是愉悦,而是胜利。"史提夫和菲尔似乎把愉悦和胜利都用上了。他们并不是驱策自己做最好的,而仅仅是做好他们自己。他们的成功才是真正的快乐之道。

很多运动员和演艺界人士认为,不是最好的就意味着失败。他们受这种想法的驱策,于是不断证明自己要做最好的。但是最好的永远只有一个,冠军也只有一个,而且这一个不可能永远只属于一个人。如果他无法认识这一点,就会对自己无比失望。

有一位钢琴演奏家杰佛瑞非常有音乐方面的天分。他的钢琴演奏技巧娴熟并有灵魂。他才艺过人,得过很多大奖,很多听众甚至乐评人士都为他的演奏着迷。他多年的学习及每日的苦练都有了不菲的回报。然而有一天,他推倒了钢琴,拒绝再弹。他在荣耀的巅峰毅然决然地离去,不肯再弹一个音符,他甚至不肯为侄女演奏最简单的练习曲或为母亲生日伴奏生日祝福歌。他这样的坚持放弃,是演艺事业结束的象征。他是畏惧自己不能再像从前受人盛赞的那样好,从此会一落千丈,越来越差。杰佛瑞的自我价值感仅存在于完美之中,没有多余的空间留给平凡。对要"做最好的"杰佛瑞来说，一个错误就是毁灭性的，所以他宁肯在错误到来之前先放弃，这样就可以避免不完美因素对成功的影响。

你对自己的肯定如果全然取决于你的成就，那么你永远也不会对自己的成就真正感到满意。"卓越"不是什么坏事，是很重要的因素，不过它会使某些人认为仅仅是工作、学习。做一年好差事的回报不够多。心向往"做最好的"的人永远无法对自己感到满足。也许你会得奖，会成名，会被提拔和加薪，被冠以荣耀的头衔。但不管你表现得多好，你都不会有更多的成就价值感。对你来说，艾米莉·狄金森的一句话极为正确："从未成功的人把成功当作最甜美的事。"这句话后面隐含的意思是：成功的人从不会把成功看作快乐的事。

应当牢记的做事之技

除非你克服自己追求"做最好的"的行为，你才可以脱离无法感受成功快乐的困境。1983年北欧世界杯越野滑雪比赛中得到冠军的比尔·柯赫说："重要的不是赢得奖牌，而是追求卓越。"在参加30公里比赛中途告一段落时，他对《洛杉矶时报》记者说："我非常兴奋，虽然我的表现够不上金牌水准，但我希望大家能欣赏它。"是的，只有抱着这样的信念才可以激励自己坦然面对成功与失败："我不要做最好的，我只要做好我自己。"